APV LEHRMEISTER BÜCHEREI

Dr. Kurt Schneider

Der Deutsche Teckel

Rassekennzeichen, Haltung, Pflege und Zucht

34 Schwarzweißfotos auf Tafeln, 3 Abbildungen im Text

APV
Albrecht Philler Verlag Minden

Bildnachweis:

Sämtliche Fotos auf den Kunstdrucktafen
sowie das Foto auf dem Umschlag stammen von
Rudolf Insam, 8560 Lauf a. d. Pegnitz

Satz und Druck: Albrecht Philler Verlag, Minden
Bindearbeiten: Heinrich Altvater KG, Minden-Todtenhausen
ISBN 3 7907 0506 3

Inhaltsverzeichnis

Zum Geleit

Der vorliegende kleine Band der Lehrmeister-Bücherei „Der Deutsche Teckel“ hat bereits seine Bewährungsprobe glänzend bestanden, so daß ihm weniger eine Prognose gestellt als eine Rückschau gehalten werden soll.

Mehr oder weniger umfangreiche Bücher über den Teckel gibt es im In- und Ausland überall, aber es hat bisher an einem stofflich zusammengedrängten, aber doch alles Wissenswerte enthaltenden Taschenbüchlein gefehlt, das dem werdenden Züchter einen kurzen Leitfaden schafft und dem ambitionslosen Käufer eine Einführung in die „Teckelei“ gibt. Die erstaunliche Verbreitung beweist, auf welch fruchtbaren Boden die Idee eines Kleinbuches gefallen ist. Unser Dank gilt jedoch nicht nur dem Verfasser, sondern auch dem Albrecht Philler Verlag für dessen glückliche Auswahl. Hundebücher gibt es viele, wenn sie aber von einem wirklichen Sachkenner, wie Herrn Dr. Kurt Schneider, der als Ausstellungs- und Gebrauchsrichter mitten in der kynologischen Praxis steht, mit brillantem Stil geschrieben werden, dann erhalten sie erst den gewünschten Wert für den interessierten Leser.

Der vorliegende Band hat jedoch, abgesehen von seiner praktischen Seite, einen weiteren Vorteil. Er bringt keine langweilige, ermüdende Lektüre, sondern er geht eigene, höchst originelle Wege, so daß man immer wieder überrascht wird und schließlich in Versuchung gerät, den gesamten Text auf einmal zu verschlingen. Ferner liegt ein weiterer Wert in den Ausführungen des Autors darin, daß er klar aufzeichnet, wie ein rassereiner Teckel und seine Ahnentafel aussehen müssen, damit die Käufer vor Enttäuschungen bewahrt werden.

Das kleine Werk gehört aus diesen Gründen nicht nur in die Hand jedes Teckelhalters, sondern vor allem jedes Käufers, damit durch richtige Pflege und Verständnis des besonderen Wesens unseres kleinen Kameraden die Liebe erwächst, die er in seinem so kurzen Leben verdient.

Dr. Bandel

1. Vorsitzender des Deutschen Teckelklubs

1. Präsident des Verbandes für das Deutsche Hundewesen

Vorwort

Dieses Lehrmeisterbuch über den Teckel will vorhandene Fachwerke der Kynologie nicht ersetzen. Es ist auch kein Buch, welches Anspruch darauf erhebt, im Rahmen der einschlägigen Jagd- und Romanliteratur genannt zu werden. Sein Zweck ist erfüllt, wenn es auf alle wesentlichen Fragen, die im Zusammenhang mit dem Erwerb und Besitz eines Teckels an den Liebhaber herantreten, möglichst zutreffende Auskunft gibt. In diesem Sinne kann es vor allem dem Anfänger ein sehr willkommener Berater sein.

Nürnberg, 1970 und 1981

Der Verfasser

Namen

Vorweg einige kurze Bemerkungen zur Namensgebung. Der Teckel ist natürlich der Dachshund, oder der im Süden unseres Landes altbekannte Dackel. Einen Vorrang hat keiner dieser Namen; denn was der eine an Tradition besitzt, wiegt der andere durch seine fortschreitende Einbürgerung auf. Sage halt jeder so, wie er es gewohnt ist. Für die vielen Dachshunde, Dackel und Teckel, die es auf dieser Welt gibt, können wir uns ruhig dreier gleichbedeutender Namen bedienen.

Der Teckel, ein Rassehund

Nicht alles, was aussieht wie ein Teckel, ist auch ein Rassehund. Viel Ärger und manche Enttäuschung könnte den Hundefreunden in aller Welt erspart werden, wenn sie über diese Tatsache besser Bescheid wüßten.

Die Kennzeichnung eines Teckels als Rassehund beschränkt sich auf solche Tiere, die streng nach den Richtlinien eines international anerkannten Rasseklubs gezüchtet sind. Andere Hunde mögen in verschiedenen Punkten auch schön sein, sie mögen freundliche Hausgenossen und treue Jagdgefährten darstellen, Rassehunde sind sie jedoch nicht.

Hinter dem Rassehund steht eine weltumspannende Organisation. Im Falle des Teckels ist der tragende Verein der Deutsche Teckelklub (DTKl). Die Begründung hierfür ist einfach: Das Ursprungsland des heute über die ganze Welt verbreiteten, rein gezüchteten Dachshundes ist Deutschland.

Der Deutsche Teckelklub ist die Zusammenfassung aller Gruppen und Vereine innerhalb des Bundesgebietes, die sich mit der Züchtung und Haltung des Dachshundes in rein ideeller Weise beschäftigen. Der Deutsche Teckelklub (DTKl) hat seinen derzeitigen Sitz in Duisburg, seine Gruppen befinden sich in allen größeren Städten Norddeutschlands. In Süddeutschland sind es drei große Vereine, nämlich: Der Dachshundklub Württemberg-Hohenzollern, Sitz Stuttgart, der Bayer. Dachshundklub, Sitz München und der Dachshund-Club Nordbayern, Sitz Nürnberg, welche insgesamt dem Deutschen Teckelklub in gleichgesinnter Partnerschaft angeschlossen sind.

Die umfassende deutsche Organisation für das Rassehundewesen ist der VDH (Verband für das deutsche Hundewesen), die über allem stehende internationale Vereinigung, die FCI (Fédération Cynologique Internationale). Die Mitglieder des Teckelklubs sind Züchter, Liebhaber und Jäger. Sie dienen ohne jede materielle Nebenabsicht dem gemeinsamen Ideal: Die Reinzucht des Dachshundes auf Schönheit und Leistung zu pflegen und zu fördern.

Zu diesem Zwecke wurden die körperlichen Merkmale des angestrebten Schönheitsideals in den Rassekennzeichen festgelegt. Der Ertüchtigung und Erhaltung des Dachshundes als Jagdhund wurden in den Zucht- und Prüfungsbestimmungen genaue Richtlinien gegeben.

Die Kennzeichnung des einzelnen Dachshundes als Rassehund erfolgt durch die Eintragung in das Deutsche Teckelstammbuch und durch die Ausstellung einer Ahnentafel.

Ein Brief

Lieber Teckelbesitzer!

Der Du einen Rassehund nicht besitzt, sei bitte durch dieses einleitende Kapitel nicht verärgert. Es geht nämlich gar nicht gegen Deinen Hund. Dein Teckel ist in Ordnung und er tut alles, was seine Hundepflicht verlangt. Zuhause bereitet er Dir manche Abwechslung, auf der Jagd ist er ein zuverlässiger Waidgeselle, allen vertreibt er durch seine Freundlichkeit die Grillen und beim abendlichen Spaziergang sorgt er für Deine Gesundheit. Du liebst ihn dafür. Er ist Dir mehr wert, als jeder Rassehund, auf den andere so stolz sind. In Deinem Fall ist da gar nichts zu tadeln. Auch dieses Büchlein möchte Dir die ungetrübte Freude an Deinem treuen Hausgenossen nicht vergällen. Im Gegenteil. Teckel, wie Dein eigener, waren die Stammväter unseres heutigen Rassehundes. Der ordnende menschliche Geist hat sich ihrer vor Jahrzehnten angenommen und durch Auslese den jetzigen Idealtyp geschaffen. Vergleiche nur und Du wirst schon sehen, daß sich da manches geändert hat. Vielleicht hat Dein Hund noch die grotesken „Krummbeine“ von anno dazumal. Die hat man völlig abgeschafft. Für Dich ist das unwichtig, denn du liebst Deinen Hund so, wie er eben ist. Siehst Du, lieber Teckelfreund, darin liegt es. „So, wie er eben ist“, das wollen die Rassehundefreunde nicht. Er soll so sein, wie ihn der Mensch sich wünscht, äußerlich und innerlich, im Körperbau und im Charakter. Das ist doch verständlich! Wieso? Weil wir Menschen des Glaubens sind, daß wir manches, was die Natur uns geschenkt hat, für unsere Zwecke noch verschönern und verbessern können. Die Gesetze der Natur selbst haben uns gelehrt, mit den Unabwägbarkeiten und Zufälligkeiten des Lebendigen fertig zu werden. Nicht einer allein, sondern die große Gemeinschaft der im Deutschen Teckelklub zusammengeschlossenen Menschen, hat das Ziel der Veredelung des Teckels erreicht. Du wußtest von all dem nichts, darum ist Dir der Rassehund auch gar keine wichtige Sache. Vielleicht noch nicht. Jedenfalls kein böses Wort gegen den von Dir geliebten Teckel.

In vollem Verständnis
Der Verfasser

Rassekennzeichen

Für das allgemeine Verständnis der körperlichen Merkmale des Teckels bietet die Zeichnung auf dieser Seite eine brauchbare Hilfe. Sie erleichtert die Erkenntnis der Grundformen des Gebäudes und vermittelt in anschaulicher Weise die häufigst gebrauchten kynologischen Fachausdrücke.

Der etwas trockene Wortlaut der Rassekennzeichen im einzelnen ist im Anhang der Prüfungsordnung des Deutschen Teckelklubs nachzulesen. Für den einfachen Teckelbesitzer mag es lehrreicher und weniger anstrengend sein, einmal an Hand von Umschreibungen, wie sie Leute gebrauchen, die es ganz genau wissen müssen, – nämlich die Schönheitsrichter, – das Charakteristische des Dachshundgebäudes zu erfahren.

Körperbau = Gebäude

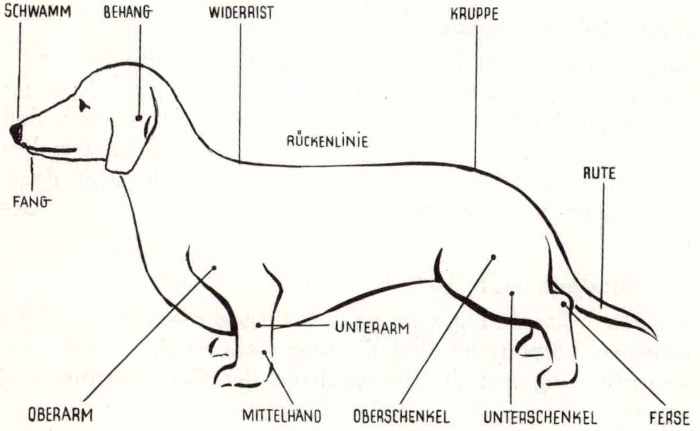

Guter Typ mit viel Adel (Abb. 3–8, 13–15)

Die Allgemeinerscheinung des Dachshundes verkörpert in idealer Weise das angestrebte äußere Erscheinungsbild. Der verhältnismäßig lange, muskulöse, dazu sehr geschmeidige Körper ruht auf zwar kurzen, aber dennoch geraden, sehr kräftigen und beweglichen Gliedmaßen. Körperhaltung und Ausdruck verraten ein hohes Maß an Selbstbewußtsein. Die Harmonie von Gestalt und Haltung befriedigt unser ästhetisches Empfinden.

Korrekt in Aufbau und Linienführung (Abb. 3–8, 10, 13–15)

Alle Teile des Körpers, Kopf, Rumpf und Gliedmaßen stehen in einem ebenmäßigen Verhältnis zueinander. Der Kopf ist langgestreckt, scharf und ausgeprägt, die Augen dunkel, mandelförmig und lebhaft. Der Rücken ist gerade und verläuft in leichter Wölbung der Kruppe in die gestreckte Rute aus. Vorder- und Hinterhand zeigen festen, geraden Stand, wobei die Winkelung in den Gelenken der Hinterhand sehr ausgeprägt ist. Die Linie vom Kopf über den Rücken zur Rute, sowie die Gegenlinie über die Brust zur Bauch- und Lendengegend ist besonders typisch.

Geschlossenes Gebäude (Abb. 3–8, 13–15)

Alles drängt sich in Richtung auf den in der Mitte des Brustraums zu denkenden Schwerpunkt hin. Länge und Höhe des Hundes sind im ganzen derart aufeinander abgestimmt, daß der Eindruck eines fest gefügten Gebäudes entsteht. Der Bodenabstand des tiefsten Punktes der Brustlinie liegt dabei immer noch in ein Viertel bis ein Drittel der Gesamthöhe des Rumpfes.

Viel Substanz (Abb. 3–7, 10, 13–14)

Bei gutem Ernährungszustand und ausgeglichenem Verhältnis zwischen Körpergröße und Körpergewicht ist die Eleganz der Linienführung und die Beweglichkeit der Gesamterscheinung gewahrt.

Trockener Typ (Abb. 4, 6, 15)

Nichts ist überflüssig. Das Skelett des Hundes ist lediglich ein Gerüst für die Verankerung kräftiger Muskelpartien, das Haarkleid, die schlichte Bedeckung des sehnigen, energievollen Körpers.

Prima Stand (Abb. 10)

Das Krummbein ist heute eine reine Witzblattfigur. Gerade auf die Korrektheit des geraden Standes, der nur möglich ist auf völlig geraden Läufen, wird größter Wert gelegt. Auf kurzen, kräftigen, leicht gewölbten Pfoten bauen sich ohne jeden Knick und ohne jede Verbiegung die übrigen Teile der Vorder- und Hinterhand auf, wobei ein straffer Bandapparat den Gelenken Festigkeit verleiht.

Flüssige Bewegung

Im Schritt, ebenso wie im Lauf, werden die Gliedmaßen streng parallel zur Bewegungsrichtung geführt. Ein Abweichen von dieser Forderung führt zu einem Gangwerk, das am besten als tänzelnd, hüpfend, schwimmend oder schlenkernd umschrieben wird. Der Fluß der Bewegung darf in keiner Phase unterbrochen sein.

Bestes Haar (Abb. 1–15)

Der Betonung der Haarqualität kommt eine besondere Bedeutung zu, denn die drei Abarten des Dachshundes werden nur nach dem Haarkleid unterschieden.

Der Kurzhaarteckel (Abb. 2, 3, 4)

Das dichte, kurzgehaltene und glatt anliegende Haar bedeckt die gesamte Körperoberfläche. In der Farbe bestehen die größten Verschiedenheiten. Besonders bekannt sind die roten und schwarzroten Teckel. Bei letzteren soll die rote Farbe der Abzeichen (hier auch als Brand bezeichnet) ein dunkles „Rostrot" sein, wobei auf der Oberseite der Pfoten eine schwarze Schattierung nicht fehlen darf. Weiße Teckel, sowie gestromte und gefleckte, sogenannte Tiger (Abb. 16), gehören heute zu den Seltenheiten. Nasenschwamm und Nägel sollen bei allen Farbschlägen schwarz sein. Einfarbig schwarze und einfarbig weiße Teckel sind fehlerhaft.

Der Rauhhaarteckel (Abb. 5—12, 19)

Da das Haarkleid bei ihm dicht, voll und drahtig ist, spricht man von einer rauhen Jacke. Am Fang hat er einen Bart. Die Farbe, ob saufarben, dürrlaubfarben, hasenfarben, „Salz und Pfeffer“, braun oder getigert, spielt keine Rolle, doch gelten saufarbene Teckel z. Z. als besonders erwünscht. Die Stichelung mit hellem Deckhaar ist nicht zu verwechseln mit sonst unerwünschtem Weiß, besonders in Form der Abzeichen an der Brust.

Der Langhaarteckel (Abb. 13, 14, 15)

Sein Haar ist lang, seidig weich, glänzend und anliegend. An der Hinterseite der Läufe ist es zur sogenannten Feder, an der unteren Seite der Rute zur sogenannten Fahne ausgezogen. Zu reichliche und stark gewellte Behaarung wirkt unschön. Die vorherrschende Farbe ist reines, sattes Rot und das ebenso vornehme Schwarzrot.

Zwerg- und Kaninchenteckel (Abb. 8, 15)

Sie sind keine Abarten, sondern nur besonders kleine Kurzhaar-, Rauhhaar- oder Langhaarteckel. Sie werden eingestuft nach dem Brustumfang des ausgewachsenen Tieres und zwar gilt für Zwergteckel 35 cm und für Kaninchenteckel 30 cm als höchstzulässiges Maß.

Königsdackel: gibt es nicht! Sie sind ein zugkräftiges Schlagwort geschäftstüchtiger Dackelfabrikanten.

Schwächen, Mängel, Fehler

Schwächen sind Übergangserscheinungen. Im Gebäude und in der wechselnden Körperverfassung des jungen Hundes sind solche Schwächen als normal anzusehen. Die weiche Pfote, der lockere Ellbogen, der gesenkte Rücken, die ganze Schlaksigkeit der Bewegung sind Anzeichen einer noch jugendlichen Konstitution. Reichhaltiges Wollhaar, fehlender Bart bei Rauhhaar, aufgehelltes Auge, fleischfarbene Nägel, Magerkeit, Dickleibigkeit, Langbeinigkeit, kurzer Fang und mangelnde Brusttiefe sind Einzelsymptome einer noch im Fluß befindlichen Entwicklung.

Dieselben Abweichungen von der gewünschten Grundform sind beim ausgewachsenen Hund als eindeutige Formmängel anzusprechen. Helles Auge, gelocktes und gescheiteltes Haar bei Langhaar, zu dünnes Haar, oder Haarmangel ganz allgemein, Pigmentschwund der Nägel und des Nasenschwamms, sowie unreine Farben sind rein ästhetische Mängel. Bedeutungsvoller sind derartige Mängel des Gebäudes, wenn sie außer Form- und Zuchtwert auch den Leistungswert herabsetzen. Übergewicht über 9 kg macht den Teckel schwerfällig. Ein Staupegebiß setzt seine Wehrhaftigkeit herab. Weiches Haar bei Rauhhaar behindert. Steifheit und Steilheit der Gliedmaßen, sowie Nachgiebigkeit in den Pfoten steigern die Ermüdbarkeit. Ein eingesunkener oder aufgezogener Rücken beweist Muskel-, Bänder- oder Knochenschwäche. In ähnlicher Weise nachteilig wirken O- und X-Beinigkeit auf Ausdauer und Flüchtigkeit. (Abb. 22, 19)

Im einzelnen Falle können sich die erwähnten Mängel zurückbilden, im großen und ganzen jedoch sind sie Vorstufen und, wie dem erfahrenen Teckelzüchter bekannt ist, wichtige Hinweise auf z. T. anlagemäßig bedingte, vererbbare Fehler.

Nachfolgende Fehler haben drei Ursachen. Es sind entweder Rückfälle aus früheren Einkreuzungen, echte Mißbildungen, oder Degenerationsmerkmale.

Pinscherköpfe, Pudelhaar, sogenannte Glotzaugen, oder auch Glasaugen, reine weiße und reine schwarze Farbe ohne Abzeichen sind derartige Rückfallzeichen. Lose Schultern, abgesetzte Brust, die schweren Gebißfehler des Über- und Unterbeißens (Abb. 23, 24), sowie das gefürchtete Knicken der Vorderhand sind Fehlleistungen der körperlichen Entwicklung. (Das Knicken, ein früher stark verbreiteter Fehler, dürfte übrigens seinerzeit die Meinung vom Krummbein gefördert haben). Schließlich sind Knick- und Stummelruten (Abb. 18), sowie Einhodigkeit wahrscheinlich Degenerationsmerkmale. Hierher gehören auch die leider unter den Fehlern nicht besonders aufgeführten Mängel des Charakters und der Vitalität.

Teckel mit den erwähnten Fehlern sind zuchtuntauglich. Sie dürfen nicht formbewertet werden. Entsprechender Eintrag in die eventuell vorhandene Ahnentafel ist notwendig.

Bewertung

Die Schönheitsbewertung des Teckels wird nach der Vorlage der Rassekennzeichen, jedoch ohne Schematismus, möglichst im Rahmen größerer allgemeiner Schönheitswettbewerbe, auf Ausstellungen und Zuchtschauen durchgeführt. Geringe Schwächen und leichtere Mängel des Gebäudes können durch besondere Vorzüge zum Teil aufgewogen werden. Grobe Fehler sind nicht ausgleichbar.

Der ermittelte **Formwert** wird in folgenden Noten ausgedrückt:

Ungenügend

Es bestehen grobe Fehler, die den Hund zuchtuntauglich machen.

Genügend

Es bestehen einzelne körperliche Mängel, die eine Weiterzucht mit diesem Tier bedenklich erscheinen lassen.

G = gut

Ist die Verkörperung des guten Durchschnitts, ein Hund, in welchem sich das angestrebte Zuchtziel bereits deutlich abzeichnet.

Sg = sehr gut

Typischer, sehr schöner Dachshund ohne Fehler. Zur Erringung der höchsten Formwertnote fehlen besondere Vorzüge.

V = vorzüglich

Der Teckel ist nicht nur frei von Schwächen, Mängeln oder Fehlern, er besitzt darüber hinaus, sowohl durch die Schönheit seiner Gesamterscheinung, als auch durch die typische Formgebung in einzelnen Körperpartien den höchsten Rang.

Rasseeigentümlichkeiten

Das Streben nach Schönheit allein wäre Luxus und das Bemühen der Teckelfreunde ein interessanter Sport. Das Wesen des Dachshundes aber ist Leidenschaft und Härte. Sein Element ist die Jagd. Alle seine Anlagen, sein Charakter und sein Verstand sind auf diese eingerichtet. Es ist deshalb das tiefere Anliegen der Teckelfreunde, den Dachshund als Jagdhund zu erhalten und ihn in seiner praktischen Brauchbarkeit für die Jagd immer weiter zu fördern. Teckelzucht ist in diesem Sinne kein Hobby, sondern Dienst am edlen Waidwerk.

Das Wesen des Hundes wird von Instinkten oder Trieben bestimmt. Neben dem Fortpflanzungstrieb, welcher der Erhaltung der Art dient, ist das Verlangen nach Nahrung die stärkste Triebkraft im Leben des Einzeltieres. Beim Teckel ist dieser Beutetrieb besonders ausgeprägt und in den Anlagen seines Körpers, seiner Sinnesorgane und seines Charakters fest verankert. So, wie seine wild lebenden Vorfahren jagten, allein im Dunkel der Erde, oder mit der Meute in Dickung und Steppe, so ist auch er in Gemeinschaft mit den Menschen jagender Hund, — Jagdhund, — geblieben. Die Rasseeigentümlichkeiten, welche ihn zum vielseitigen Jagdgebrauchshund des Waidmannes erheben, sind:

Schärfe (Wesensfestigkeit)

Das oftmals körperlich überlegene Beutetier wird von ihm angegriffen. Der Kampf, in dem er Mut, Ausdauer und sich selbst nicht schonende Härte, sowie ein instinktives Wissen um die Stelle der größten Verwundbarkeit des Gegners offenbart, wird vom Haß diktiert (Abb. 34). Das Leidenschaftliche seines Angriffs wird ergänzt durch den typischen, mimischen Ausdruck seiner inneren Erregung, einen unentwegten, den Gegner verwirrenden und zermürbenden, giftigen Laut. Gelingt ihm der Einsatz seiner einzigen Waffe, einem für seine Körpergröße überdimensionalen Gebiß, so ist der Kampf rasch zu Ende (Abb. 20, 21). Das Heil des Feindes liegt nur in der Flucht, oder in der seltenen Kampfaufgabe des selbst schwer verwundeten Teckels. In der Jägersprache heißt das: Das Raubzeug wurde gefaßt, es wurde gesprengt, oder, der Teckel wurde geschlagen.

Nase

Die Hundenase ist sprichwörtlich. Der Geruchssinn des jagdlich gearbeiteten Teckels ist im besonderen derart entwickelt, daß er nur mit den ans Wunderbare grenzenden Sinnesleistungen des Auges bei manchen Raubvögeln, des Richtungsgefühls bei Zugvögeln und des Wassergeruchssinnes bei verschiedenen Wüstentieren verglichen werden kann. Mit der Fähigkeit, die begehrte Wildfährte aus den Umgebungsgerüchen herauszulösen, paart sich die Gabe, sie auf ihre Eigenart, ob frisch oder alt, ob von gesundem, krankem, oder waidwundem Wild stammend, zu unterscheiden und dem Willen, diese einmal angefallene Fährte, ohne Beirrung durch kreuzende, fremde Spuren oder Fährten, bis zum Ziele zu verfolgen. Der Jäger spricht vom Fährtenwillen, von Fährtensicherheit und Fährtentreue. Das aufgefundene Wild wird vom Teckel als Besitz betrachtet und gegen Mensch und Tier verteidigt (Abb. 27).

Spurlaut

Die Witterung des Wildes, ganz besonders die des Hasen, stellt für den spezialisierten Geruchssinn des Teckels einen überwältigenden Reiz dar. Ohne den Hasen, ja auch ohne je in seinem Leben Wild gesehen zu haben, verfällt der mit Spurlaut begabte Dachshund auf der flüchtigen Duftspur in die helle, jiffende, dem Jäger wie Musik klingende Weise seines Jagdlautes. In der Ferne entschwindend hören wir noch den lustbetonten, glockenreinen, die Jagdgefährten aneifernden Klang aus einer Kehle, die im Übereifer und Zorn die harten, giftigen Töne des Hetz- oder Standlautes hervorbringt. Der Jäger wird sagen: dieser Teckel hat eine gute Nase und einen herrlichen Spurlaut. Er ist findig, hat Spurwillen und Spursicherheit.

Die überragende Rolle, welche die Nase als Rasseeigentümlichkeit des Dachshundes spielt, wird unterstrichen durch die Tatsache, daß seine übrigen Sinnesorgane keiner speziellen Leistung fähig sind. Lediglich sein Gehör übertrifft für hohe Töne die Ansprechbarkeit des menschlichen Ohres. Seine Sehleistung liegt ganz im Bereich der auch uns Menschen gezogenen Grenzen. Gefühl und Geschmackssinn sind nicht der

Stärke nach, wohl aber nach der Qualität auf die Bedürfnisse und Möglichkeiten des Hundes abgestimmt.

Durch die Vereinigung der drei Grundeigenschaften eines brauchbaren Jagdhundes, nämlich der Wesensfestigkeit, der hervorragenden Nase und des einwandfreien Spurlauts ist der Teckel der Idealfall des vielseitigen Jagdgebrauchshundes für die bei uns vorherrschenden Verhältnisse des praktischen Jagdbetriebes auf Rotwild, Rehwild, Schwarzwild, manches Niederwild, sowie auf Fuchs und Dachs. Der Teckel ist Bauhund, Schweißhund und Stöberhund.

Nach allem, was bisher Erwähnung fand, wäre anzunehmen, daß die Ursachen der allgemeinen Beliebtheit und weiten Verbreitung des Teckels in seiner Schönheit und in seiner Nützlichkeit gelegen seien. In Wahrheit liegen die Ursachen viel tiefer. Mehr als alles andere haben ihm nämlich die außergewöhnlichen Züge seines Verstandes, seines Gemüts und seines Charakters die Freundschaft der Menschen eingetragen.

Charakter

Es ist nicht zu bezweifeln, daß die seelischen Vorgänge des Empfindens, Wollens und Denkens auch unserem Teckel zu eigen sind. Auf dem Wege über die Sinnesempfindungen gelangen Eindrücke in sein Gehirn, die sich dort zu Erinnerungsbildern verdichten und stapeln. Diese Gedächtnisinhalte werden umso ausgeprägter und umso dauerhafter sein, je stärker und andauernder die sie erzeugenden Reize waren. Auf dieser Tatsache beruht die Möglichkeit, den Teckel durch heftige Sinneseinwirkungen, sowie durch andauernde Übung zu einem bestimmten Verhalten zu veranlassen. Hinzu kommt, daß sich diese Einflußnahmen mit angenehmen und unangenehmen Begleitempfindungen verbinden. Obgleich wir nur mit Wahrscheinlichkeit autonome Denkprozesse bei ihm vermuten können, so scheint sich doch aus den Erinnerungsbildern und aus der durch Erfahrung gewonnenen Einsicht in die einfachsten Zusammenhänge von Ursache und Wirkung eine Art höherer Verstand zu entwickeln. Viele seiner Handlungen, insbesondere aber seine anerzogenen Unterlassungen bestärken uns in dem Eindruck, ein vernunftbegabtes Wesen vor uns zu haben. Wir denken bei einem Teckel, der in nahezu menschlicher Weise gelernt hat, seine Triebe und Instinkte zu beherrschen, kaum mehr daran, daß wir ihm unseren Willen aufgezwungen haben könnten. Wir fragen uns, ob er nur aus Angst vor Strafe die Leine nicht abbeißt, an die wir ihn bis zu unserer Rückkunft gehängt haben? Ist es nicht bei anderer Gelegenheit auch eine gewisse Einsicht, daß er allein, vor dem aufgefundenen Wild, seine Begierde zügelt: und nicht anschneidet? Ist es nur Dressur, wenn er sich auf Wink und Ruf in die Dickung schicken und auf Pfiff zurückleiten läßt? Will er uns nicht mit seiner Folgsamkeit auch zeigen, was er kann und uns damit eine Freude bereiten? Noch weit mehr aber als diese Beobachtungen, überschreiten die verschiedenen Wandlungen und Erregungen seines Gemüts, die Grenzen unserer menschlichen Einsicht. Mangels spezieller Bezeichnungen müssen wir uns auch hier menschlicher Begriffe bedienen. Wir kennen seine Ausbrüche des Zorns, des Hasses, des Schmerzes und der Angst. Auf Grund seines teilnehmenden Verhaltens gegenüber unseren Launen und Verstimmungen möchten wir ihm gerne die Regungen des Mitfühlens, aus seinem Einsatz für uns, unsere Umwelt und unser Eigentum, die Züge der Liebe, der Freundschaft und der Treue zuerkennen. Wir halten ihn für mutig, humor- und gemütvoll. Sein stärkster Charakterzug ist die Leidenschaft. Er hat sie in allem und für alles, was ihn erregt. Dabei neigt er zu stärksten Gegensätzen. Er ist sanguinisch auf der Jagd, cholerisch im Kampf, phlegmatisch zu Hause und voll grauer Melancholie wenn er gerade seinen Tag hat. Des nachts schrecken ihn schwere Träume aus dem Schlaf. Er kennt nur das Leben, das Lieben, das Hassen und weiß vom Ende nichts. Hat er darum keine Seele? Wir fragen nicht danach. Wir wissen nur, daß er unter allen Geschöpfen dieser Erde das einzige ist, das dem Menschen von Anfang an nicht gleichgültig oder feindlich gegenübersteht, sondern in ihm den Herrn und Abgott sieht. Vielleicht erklärt sich daraus unsere Gegenliebe.

Zucht- und Prüfungsbestimmungen

gewährleisten die Erhaltung und noch mögliche Aufwärtsentwicklung des bereits erreichten Grades von Formschönheit und Jagdtüchtigkeit.

Gezüchtet werden darf nur mit eingetragenen Dachshunden. Die Elterntiere müssen die Mindestformwertnote gut haben. Ausnahmen gelten für Hündinnen, die ihre jagdliche Brauchbarkeit auf einer Spurlautprüfung und am Kunstbau unter Beweis gestellt haben, weshalb dort der Formwert genügend noch für ausreichend angesehen wird.

Die Feststellung der Formwertnote kann nur auf einer vom VDH genehmigten Hundeausstellung, oder auf einer Zuchtschau durch einen als Schönheitsrichter zugelassenen Beauftragten des DTKl. erfolgen.

Langhaarige Dachshunde dürfen nur unter ihresgleichen gepaart werden. Die bei Kurz- und Rauhhaar früher geduldete, gelegentliche Einzüchtung von Tieren der anderen Haarart, ist nicht mehr gestattet.

Im übrigen bestehen für die Zucht keinerlei weitere einschränkende Bestimmungen. Der Züchter kann ganz nach seinem persönlichen Dafürhalten verfahren. Seinem Geschmack, seiner Phantasie, seiner Intuition, oder auch seinem Glück, das ihm dann hoffentlich zur Seite steht, sind keine Grenzen gesetzt.

Die Prüfungen und Prüfungsbestimmungen sind ganz auf den beabsichtigten Zweck abgestimmt, nämlich die Eignung des Dachshundes für bestimmte Gebiete der praktischen Jagdausbildung, unter kontrollierbaren Bedingungen, festzustellen.

Baueignungsprüfung

Der Teckel bekommt die Möglichkeit, in einem möglichst naturgetreu nachgebildeten, künstlichen Fuchsbau, mit gezähmten und für diese Tätigkeit besonders ausgebildeten, sogenannten Schliefenfüchsen, seinen Arbeitseifer zu zeigen. Wenn er den Bau annimmt, den Fuchs sucht und nach dem Finden mit andauerndem Lautgeben bedrängt und schließlich versucht, ihn zu fassen, (was sich natürlich der darauf schon wartende Fuchs nicht gefallen läßt), dann hat er die Prüfung bestanden. Bei der Bewertung spielen die Art und Überlegtheit seines Vorgehens gegen den gewitzten Gegner, sowie Ausdauer und Energie seiner Angriffsversuche eine Rolle.

Diese Prüfung kann auch anläßlich einer zu diesem Zweck veranstalteten **Baujagd auf Fuchs,** in einem geeigneten Revier, in Gegenwart von anerkannten Gebrauchsrichtern abgenommen werden. In gleicher Weise wie auf den Fuchs, wird auch die Prüfung auf den Dachs und in etwas abgewandelter Form für Kleinstteckel auch auf Kaninchen durchgeführt.

Spurlautprüfung

Diese Prüfung findet im Jagdrevier statt. Der Teckel muß zeigen, daß er der flüchtigen Hasenspur, von der Sasse ab, ohne den Hasen gesehen zu haben und allein mit der Nase arbeitend, möglichst weit, mit anhaltendem Laut zu folgen vermag. Die Schwierigkeiten der Spurhaltung bei wechselndem Gelände und ungünstiger Bodenbeschaffenheit, trockenem Wetter und kreuzenden Fährten werden bei der Bewertung berücksichtigt.

Schweißprüfung

Der Teckel wird auf einer mit Wildschweiß künstlich gelegten Fährte von mindestens 1000 m Länge angesetzt. Er soll unter genauer Ausarbeitung der in den Fährtenverlauf einbezogenen Richtungswechsel seinen am Riemen, d. h. an der Schweißleine folgenden Führer zu dem am Ende der Fährte ausgelegten Stück führen. Dort muß er zeigen, daß er von dem aufgefundenen Wild Besitz ergriffen hat. Die Güte der Arbeit hängt in der Hauptsache von der gezeigten Lebhaftigkeit und von der bewiesenen Fährtensicherheit und Fährtentreue ab.

Unter überprüfbaren Bedingungen, die ebenfalls in der Prüfungsordnung genauestens festgelegt sind, wird eine Schweißarbeit auf **natürlicher Wundfährte,** d. h. die erfolgreiche Nachsuche nach einem angeschossenen Stück, der obigen Prüfung gleichgeachtet.

Stöberprüfung

Der vom Hundeführer in einen vorbestimmten Waldabschnitt eingewiesene Teckel soll das Gehölz absuchen und sofern er Wild locker gemacht hat, diesem lauthals folgen. Um die Prüfung, die in dieser Form an den Teckel keinerlei besondere Anforderungen stellen würde, den anderen Prüfungen wertmäßig anzugleichen, wurden mit ihr die sogenannten Abrichtungsfächer in einem zweiten Prüfungsabschnitt verbunden. Der Kandidat der Stöberprüfung muß zeigen, daß er als steter Begleiter seines Herrn auf dem Reviergang und auf der Jagd leinenführig ist, daß er sich ablegen läßt, daß er schußfest ist und daß er sich beim Treiben eines Waldabschnittes den Notwendigkeiten dieser Jagdart entsprechend unauffällig und ruhig verhält.

Vielseitigkeitsprüfung

Die schwierigste und damit die wertvollste aller Prüfungen ist die Vielseitigkeitsprüfung. Hier muß der Teckel nacheinander die für seinen Körper und seine Sinnesleistungen großen Anforderungen der Spurlaut-, Stöber- und Schweißprüfung über sich ergehen lassen.

Teckel, welche eine oder mehrere der geschilderten Prüfungen bestanden haben, erhalten dafür das jeweilige Leistungzeichen. Mit der Erringung des Leistungszeichens und dessen Eintragung in die Ahnentafel ist der Teckel anerkannter Jagdgebrauchshund. Teckel mit hohem Formwert und Leistungsnachweisen sind für die Zucht besonders wertvoll.

Die Zucht

Bei der Beschäftigung mit dem Teckel als Zuchtobjekt sollten wir nie vergessen, daß wir es in ihm mit einem der höchst entwickelten Lebewesen zu tun haben. Allein sein Besitz vermag das Leben eines Teckelfreundes schon zu bereichern, wieviel mehr aber noch seine Züchtung und Veredelung. Wenn wir uns bemühen, der Vielfältigkeit der Natur das uns am schönsten und besten Scheinende abzuringen, dann erlangen unsere Beziehungen zur belebten Umwelt einen eindeutigen und persönlichen Inhalt. Wem sonst die Wunder des Seins zu selbstverständlichen Funktionen verblaßt sind, der kann vielleicht aus dem Erlebnis mit seiner unscheinbaren Teckelhündin wieder zum Bewußtsein des Wesentlichen auf dieser Welt zurückfinden. Die Erkenntnis der unendlichen Mannigfaltigkeit und Dauer des Lebens in seinen unzähligen, vergänglichen Erscheinungsformen ist jede Mühe wert.

Der Teckel ist weder ein **Handelsartikel,** noch ein **Spielzeug.** Alles, was bei sonstigen Liebhabereien eine Rolle spielen kann, Menschlich-Allzumenschliches, Ehrgeiz, Laune, Snobismus der Mode, Ruhmsucht, Geld, hat hier keinen Platz. Handelt es sich dort um die Erfüllung menschlicher Wünsche oder um die Stillung wechselnder Begierden, so ist die Teckelzucht lediglich dazu geeignet, uns ein unübersehbares Betätigungsfeld für unsere Tierliebe zu eröffnen.

Die geistigen Mittel, deren wir uns zur Verwirklichung unserer züchterischen Absichten bedienen, sind: Kenntnis der Vererbungsgesetze, Erfahrung und Intuition.

Die Vererbungsgesetze legen fest, daß sich bestimmte Eigenschaften der Lebewesen nach genau bekannten Regeln, mit vollkommener Sicherheit auf die Nachkommen vererben. Sie sagen aus, daß die Anlagen der Eltern in den Kindern wiederkehren, zwar abgewandelt, aber in voller Zahl. Die Anlagen selbst sind noch unkörperlich und nach ihrer Häufigkeit und Qualität nicht zu bestimmen. Ihr Sitz in den Ursprungszellen ist feststellbar, aber nicht mit Sicherheit die Kräfte, welche einer von uns ebenfalls nicht nennbaren Anzahl von Anlagen den Anstoß und die Fähigkeit verleihen, zu nunmehr sichtbaren, körperlichen Merkmalen zu werden. Überhaupt diese Eigenschaften! Der einen entspricht die Anlage allein oder in Kombination mit einer anderen, einer zweiten ist eine eigene Anlage überhaupt nicht zugedacht, sondern mehr eine Lücke, die durch das Fehlen weiterer Anlagen entstanden ist. Zudem herrscht für alle Züge eine nahezu unbegrenzte Möglichkeit der gegenseitigen Bindung oder der völligen Unabhängigkeit, des Übergewichts oder der Unterlegenheit. Es ist ein großartiges Gebäude rasch sich vermehrender Erkenntnisse entstanden, in dem die Regel und die Ausnahme ebenso ihren genauen Platz haben, wie das Wissen um das zufällige Wechselspiel der Anlagen und Eigenschaften im Wandel der Generationen (s. Lehrmeister-Buch Nr. 590 „Vererbung").

Die Ergebnisse der exakten Erbforschung sind soweit gediehen, daß sie mit großem Erfolg in den Dienst der Pflanzen- und Nutztierzucht gestellt werden konnten. Auch der Hundezucht? Der Teckelzucht? Leider nein, obwohl auch auf diesem Gebiet der Wunsch nach wissenschaftlicher Genauigkeit und Sicherheit seit langem besteht. Der Teckelzüchter wäre ein bedeutendes Stück vorwärts gekommen, wenn ihm die Forschung anstatt allgemein gültiger Gesetze, zunächst nur für einige typische Merkmale des Teckels, wie Haarkleid, Haarfarbe, Spurlaut (um nur einige zu nennen), den tatsächlichen Erbgang ergründen würde. Vorerst müssen wir zufrieden sein, wenn von dem reichlich gedeckten Tisch der Nutztierforschung einige verwertbare Wissensbröckchen abfallen.

Inzwischen bedienen wir uns in der Zucht weiterhin der von altersher bewährten Methoden der Auslese nach äußeren Gesichtspunkten. Das praktische Wissen für diese Methoden gewinnen wir aus der **Erfahrung.**

Der Besitz persönlich gemachter Erfahrungen wird von den meisten Züchtern wie ein streng zu hütender Schatz gewahrt. Gerade die Dinge, aus denen mit Sicherheit der Erbgang bestimmter Eigenschaften erkannt werden könnte, nämlich das Auftreten von Mißbildungen und Entartungszeichen, werden nicht bekannt. Auch das Zuchtbuch gestattet uns durch sein Verbot der Eintragung fehlerhafter Tiere nicht, auf Erbfragen mit wissenschaftlich-statistischer Genauigkeit einzugehen. So bleibt jedem Einzelnen, sofern er nicht das Glück hat, der Vertraute eines erfolgreichen Züchters zu sein, nur die eigene Erfahrung. Das nach vielen Irrwegen und Enttäuschungen, aber auch nach manchem schönen Erfolg gesammelte Wissen könnte in folgenden **Erfahrungssätzen** zusammengefaßt werden:

Züchte nur mit voll ausgewachsenen, gesunden Tieren. Lasse auf Ausstellungen und Prüfungen erst feststellen, ob die Zuchttiere auch den Mindestanforderungen an Schönheit und Leistung genügen.

Mit fehlerhaften Hunden darf sowieso nicht gezüchtet werden. Erweitere für Dich selbst dieses Verbot auch auf die äußerlich untadeligen Geschwister fehlerhafter Tiere.

Einem Tier mit aufgehelltem Auge, schwachem Fang, ängstlichem Wesen (usw. alle Schwächen und kleinen Mängel) führe einen Partner zu, in dem der latente Mangel durch betonte Qualität überkompensiert ist.

Wenn nicht schon beide Elterntiere, so muß doch wenigstens eines davon die begehrte Eigenschaft in stärkster Ausprägung auch nach außen hin, besitzen.

Hast Du eine gute Paarung festgestellt, so bleibe bei ihr; womöglich in angenäherter Form über mehrere Generationen. Sobald der geringste Mangel auftritt, verlasse den Weg der Inzucht sofort und endgültig.

Als neuen Zuchtpartner suche Dir ein Tier, welches mit Deinem eigenen durch sogenannten Blutanschluß in einer der Elternlinien, wenn auch weit zurückliegend, verwandt ist. Gelingt das nicht, so wähle als Versuchspartner denjenigen aus, welcher durch seine Vorfahren, seinen eigenen Formwert, seine Leistung und seine Nachzucht bewiesen hat, daß er hohe Qualitäten besitzt. Ein evtl. Zuchtpartner, der nichts aufzuweisen hätte als ein vorzüglich auf einer Ausstellung, scheidet aus.

Die Meinung, daß eine vorzügliche Hündin mit einem vorzüglichen Rüden gepaart, vorzügliche Nachzucht bekommen müßte, ist verlockend, aber irrtümlich.

Denke stets daran: Die Erscheinungsform ist nicht die Vererbungsform.

Die Grundlage der Zucht ist die Hündin.

Zur Teckelzucht gehört etwas mehr als die Kenntnis des kleinen Einmaleins.

Wenn Erfahrung und Kenntnis der Vererbungsgesetze nicht ausreichen, um die Fragen der Partnerwahl zu klären, verbleibt als einziges und letztes, in vielen Fällen sogar wesentliches Mittel der Entscheidung, die **Intuition.** Der Züchter, welcher mit Fingerspitzengefühl, Einfühlungsvermögen, oder auf Grund momentaner Eingebung (ganz gleich, wie wir es nennen) seine Wahl trifft, berührt mit seinem Tun den Grenzbereich der Kunst. Vielleicht ist das Verweilen in dieser Atmosphäre u. a. einer der stärksten Antriebe für jedes züchterische Bemühen. Es schenkt Zufriedenheit und Glück, wenn man mit Geduld und Liebe bei der Sache ist.

Die Zucht beginnt mit dem Erwerb einer Hündin

Die Entwicklung der Teckelhündin zum geschlechtsreifen Tier vollzieht sich in der relativ kurzen Zeitspanne von 8 bis 9 Monaten. In diesem Alter treten bei ihr erstmals die auch äußerlich sichtbaren Erscheinungen der Brunst auf. Dieses Stadium der sogenannten ersten Hitze markiert in biologischer Hinsicht die von diesem Zeitpunkt ab immer wiederkehrende Bereitschaft und Fähigkeit der Hündin zur Fortpflanzung. Die erste Hitze ist nicht der Abschluß der körperlichen Entwicklung im allgemeinen, sondern nur das Ende des Jugendalters. Das körperliche Wachstum der Hündin ist erst mit zwei Jahren endgültig vollendet. Die große Belastung, welche dem tierischen Körper durch Fortgang des Wachstums auferlegt ist, veranlaßt uns, mit Rücksicht auf die zusätzliche Beanspruchung durch Trächtigkeit, Wurf und Aufzucht der Nachkommen die ersten beiden Hitzestadien ungenützt zu lassen. Nach einer Dauer von rund drei Wochen, mit dem Höhepunkt der Hitze vom 10. bis 13. Tag, klingen deren äußere Erscheinungen rasch ab, um nach sechs Monaten in einer neuen Brunstperiode wieder aufzuleben. Dieses periodische Spiel wiederholt sich bis in das hohe Alter der Hündin mit größter Regelmäßigkeit. Vom achten bis zehnten Lebensjahr ab sollte man aus Gründen erhöhter Schonungsbedürftigkeit des alternden Tieres von weiteren Zuchtversuchen Abstand nehmen. Im Unterschied zu der, bei den wild lebenden Canidenweibchen allgemein gegen Wintersende auftretenden, einmaligen Brunstperiode des Jahres, finden wir als Domestikationserscheinung ein derartiges Gebundensein an die Jahreszeit bei unseren Haushunden nicht mehr. Wir beobachten, daß das ganze Jahr hindurch vereinzelte Hündinnen läufig werden, wenngleich eine starke Häufung für die Zeit des Frühjahres und des Herbstes besteht. Hündinnen mit nur einer Hitze im Jahr sind Atavismen (Rückschläge) an die Wildhundperiode.

Die **Hitze** drückt sich in einem Anschwellen der äußeren Genitalorgane und im Hervortreten eines rötlichen Sekrets aus. Diese beiden Erscheinungen sind für die Hervorrufung und Ausführung des Paarungsvorganges wesentlich. Es handelt sich nicht um eine Blutung. Die Hündin, von der wir nun sagen, daß sie zeichnet oder färbt, erfährt auch in ihrem Wesen eine Umwandlung, welche darin besonders zum Ausdruck kommt, daß sie ihre Bereitwilligkeit durch Körperhaltung und lebhaftes Benehmen zu erkennen gibt. Das Elementare dieses Verlangens wird gelegentlich unterstrichen durch einen sonst nie von ihr zu hörenden Brunstlaut, der wie schmerzliches Jaulen und Heulen klingt und auf uns Menschen einen bejammernswerten Eindruck macht. Die Hündin ist in dieser Zeit streng zu bewachen und schon vor Auftreten dieser Symptome von etwa gleichzeitig gehaltenen Rüden zu trennen. Man läßt die Hündin auch nicht an Orten sich lösen, an denen Rüden Zugang haben, es sei denn, man riskiere einen Hundeauflauf größten Formats. Für besondere Fälle läßt sich die Witterung der heißen Hündin auf kurze Zeit durch Einreiben einer Spezialsalbe oder bespritzen mit aufdringlichem Parfum übertönen. Nach Abklingen der Brunst zeigt sich die Hündin wieder absolut unzugänglich. Mit dem Verschwinden der körperlichen Voraussetzungen zur Paarung beginnt wieder der Hundealltag.

Alle diese Dinge, die in diesem Buch nicht ausführlicher dargestellt werden können, entspringen einem Urinstinkt. Dieser Instinkt ist rein animalischen Ursprungs und auch rein auf die Tierwelt beschränkt. Irgendwelche Analogien mit menschlichen Funktionen bestehen nicht, was aus der zeitlichen Gebundenheit der erwähnten Vorgänge, aus dem zwangsläufigen Ablauf schon der ersten Hitze und der völlig anderen Bedeutung der äußeren Vorgänge zu erkennen ist.

Die während der Brunst völlig in Richtung auf den Gattungstrieb veränderte Hündin sucht sich instinktgetrieben den Partner. Sie stellt sich im allgemeinen ohne eigene Wahl dem Rüden, welchem es gelungen ist, bis zu ihr vorzudringen.

Der Rüde: Nach Eintritt der Reife im achten bis zehnten Monat ist der männliche Teckel ständig paarungsbereit und paarungsfähig. Da er sich aber in diesem Alter noch in einer stürmischen körperlichen Weiterentwicklung befindet, die erst mit dem dritten Lebensjahr völlig beendet ist, sollten ihm die Belastungen des Paarungsvorgangs noch längere Zeit erspart werden. Nach den Zuchtbestimmungen darf ein Rüde frühestens im zweiten Lebensjahr zugelassen werden. Den langen Zeitraum des sogenannten ersten und zweiten Feldes benützt man zweckdienlicherweise zu seiner Abrichtung und Abführung als Jagdgebrauchshund. Das häufig zu beobachtende Aufsteigen der Junghunde wird durch einen Reflexmechanismus verursacht, der eigentliche Paarungstrieb des Rüden wird jedoch nur durch die Reizfaktoren der hitzigen Hündin ausgelöst. Kommt der stärkste dieser Faktoren, die Brunstwitterung, durch künstliches Überdecken mit einem anderen intensiven Geruch in Wegfall, so erlischt der Paarungstrieb augenblicklich. Wenn das typische, aggressive Verhalten durch Zusammentreffen mit einer läufigen Hündin erst einmal ausgelöst ist, dann folgt der Rüde blind dem Trieb der Natur. Er zeigt sich unempfindlich gegen äußere Einflüsse und nimmt nur noch das Notwendigste an Nahrung zu sich. Die Stimme der Natur erklingt bei ihm genau wie bei der Hündin in einem urtümlichen Brunstlaut. In diesem Stadium bekämpft er auch ihm weit überlegene Gegner mit Todesmut. Das Reifestadium des Rüden reicht bis in das höchste Alter, doch wurde aus Gründen der Schonung hier ebenfalls vom zehnten Lebensjahr ab ein Zuchtverbot ausgesprochen. Die Vereinigung der Hündin und des Rüden geschieht durch den sogenannten **Deckakt.**

Er ist das zentrale Ereignis in der gesamten Rassehundzucht. Alle unsere Überlegungen und Vorbereitungen konzentrieren sich auf diesen Vorgang, durch den wir nach unserem Willen für den Fortbestand der einmal geschaffenen Hunderasse Sorge tragen. Indem wir zwei Tiere, die sich sonst nie gefunden hätten, nach einem wohlüberlegten und gemessen am Ziel auch vernünftigen Plan, zusammenführen, übernehmen wir allerdings eine folgenschwere Verantwortung. Wir sollten uns der übernommenen moralischen Verpflichtung dann besonders bewußt sein, wenn die Hündin in der Wurfstunde unserer Hilfe bedarf und wenn die Nachzucht nicht voll unseren Erwartungen entspricht.

Grundsätzlich muß die Hündin zum Rüden gebracht werden, nicht umgekehrt. Die Anstrengungen des Transports und die u. U. stark ablenkenden Sinnesreize des unbekannten Milieus, können den Rüden zur Inaktivität verurteilen. Die Hündin hingegen wird in der neuen Umgebung umso rascher Zuflucht zu dem einzigen Hundewesen, eben dem Deckrüden, nehmen. Vor Überraschungen ist man trotzdem nicht sicher. Hündinnen, die sonst in häuslicher Gemeinschaft mit anderen Rüden leben, verweigern sich oft ganz energisch dem angebotenen Partner. Man muß in diesem Fall den Rüden raschestens in Schutz nehmen, da er sich der heißen Hündin gegenüber nicht selbst wehren kann. Das ihn beherrschende Naturgesetz schließt jede Gawalt aus und verbietet ihm, der Hündin anders als werbend zu begegnen. Der erfahrene Züchter wird sich in solchen und ähnlichen Fällen mit einiger List und sanfter Gewalt zu helfen wissen. Dem Unerfahrenen ist zu raten, neuerliche Paarungsversuche erst am nächsten Tag zu unternehmen.

Im allgemeinen jedoch stellt sich die Hündin sofort und in deutlich zu erkennender Weise. Es ist grundfalsch, die Hunde nun sich selbst und bei eigener gemütlicher Unterhaltung, dem Schicksal zu überlassen. Man sei bei dem Deckakt vom Anfang bis zum Ende zugegen. Man wird die erstaunlichsten Feststellungen machen können. So kommt es vor, daß sich manche Tiere einfach unsympathisch sind oder aber, daß nach anfänglichem Interesse plötzlich jeder Eifer erlischt. In diesem Falle kann es sein, daß der günstige Zeitpunkt des 10. bis 13. Tages der Hitze noch nicht da ist oder schon versäumt wurde. Dem routinierten Rüdenbesitzer ist es dann manches Mal möglich, in völlig ästhetischer Weise den erlahmenden Bemühungen nachzuhelfen, ein Vorgehen, das in anderen Tierzuchtparten sogar üblich ist. Der Normalfall ist, daß nach kurzer Frist das sogenannte „Hängen" eintritt. Es ist dies eine funktionelle Besonderheit des Befruchtungsvorganges bei Hunden, welche nur den Zweck hat, die Sicherheit der Samenübertragung zu erhöhen. Eine Notwendigkeit ist es nicht. Das Hängen dauert von wenigen Minuten bis zu einer halben Stunde und mehr und endet ganz von selbst in der Trennung. Wir sind uns einig, daß es eine Roheit ohnegleichen ist, zwei hängende Hunde, die natürlich in der Öffentlichkeit mit Recht unliebsames Aufsehen erregen, durch einen Wasserguß oder mit anderer Gewalt zu trennen. Beide Tiere, besonders aber der Rüde, können dadurch schwere Verletzungen erleiden. Das Gewaltmittel gebührt einzig und allein dem Hündinnenbesitzer, der in grobfahrlässiger Weise seine Aufsichtspflicht verletzte. Die Hündin kann nach gelungenem Deckakt auch in den folgenden Tagen noch mehrfach vom gleichen oder von anderen Rüden mit Erfolg belegt werden. Es ist somit unsere Aufgabe, sie bis zum Ende der Hitze streng zu überwachen. Sie darf erst dann wieder freigelassen werden, wenn sie alle sich nähernden Rüden abbeißt.

Die Folgen aus einem unerwünscht zustande gekommenen Deckakt können innerhalb der ersten 14 Tage nach dem Ereignis von einem Tierarzt ohne besonderen Eingriff rückgängig gemacht werden.

Bei aller Gewolltheit des Paarungsvorganges wird für die Rassehundezucht die sonst schon sehr verbreitete, künstliche Besamung der Zuchttiere allgemein abgelehnt. Obgleich die für die Ablehnung geltend gemachten ethischen Bedenken allzusehr aus vermenschlichender Sicht zu kommen scheinen, so steht doch fest, daß der tatsächlich für die künstliche Besamung allein entscheidende Faktor, nämlich die enorme Wirtschaftlichkeit dieser Methode, für die Hundezucht voll und ganz ausscheidet. Rassehundezucht hat mit Wirtschaftlichkeit und mit Erwerbsbestrebungen nicht das Mindeste zu tun.

Nach dem Deckakt ist der Rüde meist ziemlich abgekämpft. Ein etwa für notwendig gehaltenes Nachdecken sollte unbedingt auf den nächsten Tag verschoben werden.

Ein gesunder, kräftiger Rüde kann in seiner besten Zeit, zwischen dem vierten und achten Lebensjahr jährlich ohne Schaden 20 bis 30 Hündinnen belegen. Eine starke Inanspruchnahme verpflichtet uns zu erhöhter Sorgfalt in Haltung und Pflege. Ein viel verlangter Deckrüde muß aus dem intensiven Jagdbetrieb herausgenommen werden. Da er außerdem mit Sicherheit nach und nach einen gewissen Formverlust erleidet, sollte man mit ihm auch auf weitere Ausstellungslorbeeren verzichten.

Es ist üblich, daß für die Hergabe des Rüden eine sogenannte **Deckgebühr** verlangt wird. Die Deckgebühr kann durch die Überlassung eines Welpen aus dem angekommenen Wurf nach der freien Auswahl des Rüdenbesitzers beglichen werden oder durch die sofortige Bezahlung eines Geldbetrages, der etwa dem Welpenpreis entspricht. Nimmt die Hündin nicht auf, dann ist ein nochmaliger Deckakt bei der nächsten Hitze frei. Es ist unerläßlich, die entsprechenden Vereinbarungen über die Deckentschädigung vor dem Deckakt abzusprechen. Der Rüdenbesitzer darf mit Recht erwarten, daß ihm die zu deckende Hündin rechtzeitig angemeldet wird und daß sie in gesundem, ungezieferfreiem Zustand eintrifft.

Für den Rüden, dem keine Gelegenheit zur Zuchtbewährung geboten wird, ergeben sich aus dieser Abstinenz keine gesundheitsschädigenden Folgen. Auch Wesensveränderungen sind mit Sicherheit nicht zu befürchten.

Ganz im Gegensatz dazu sind Körper und Wesen der Hündin derartig auf den, im Anschluß an Hitze und Deckakt zu erwartenden Folgezustand der **Trächtigkeit** eingestellt, daß ihr die Versagung dieses Zustandes Nachteile bringt. Eine nie

Abb. 1 Vielversprechende Welpen

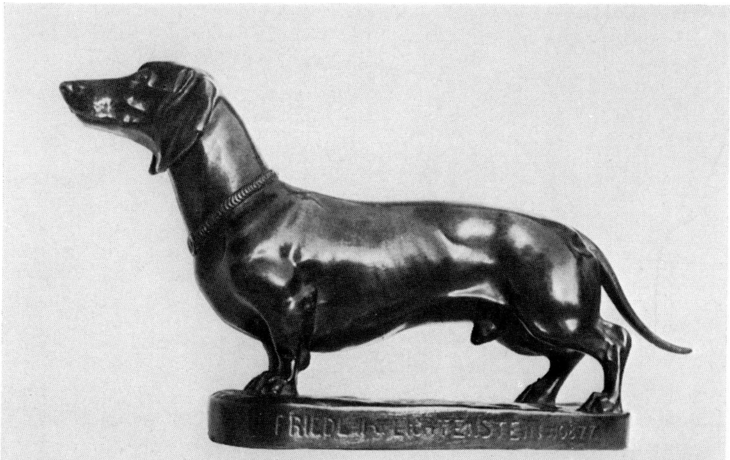

Abb. 2 Friedl II v. Liechtenstein 10877, einer der berühmtesten Stammväter, Bronzeplastik von Ernst v. Otto

Abb. 3 Kurzhaar-Zwerg „Nappa v. d. Urlas“, Bundessiegerin

Abb. 4 Kurzhaarteckel „Index v. Elfentann“, Gebrauchssieger

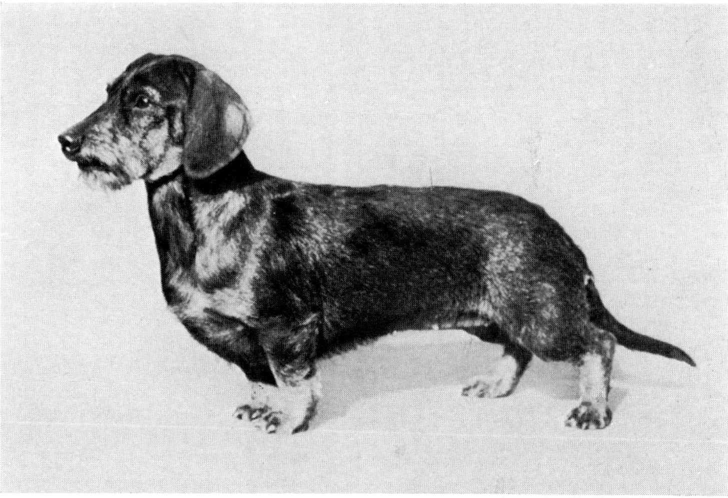

Abb. 5 Rauhhaarteckel „Seddi v. d. Urlas", Weltsieger 1956

Abb. 6 „Terzel v. d. Urlas", Bundessieger, intern. Champion

Abb. 7 Ideale Junghunde

Abb. 8 Aus edler Zucht

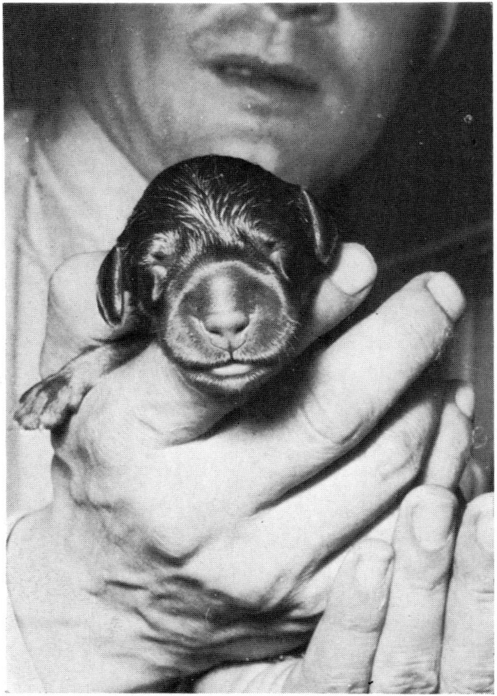

Abb. 9 Teckelwelpe wenige Sekunden alt

Abb. 10 Ideale Stellung der Vorderhand

Abb. 11 Typische Rauhhaarköpfe

Abb. 12 Kindergarten im Rauhhaarzwinger, Welpenalter 9 Wochen

Abb. 13 Langhaar-Teckel, „Benno v. Baudenhard“, Weltsieger

Abb. 14 Langhaar-Zuchtgruppe „v. Baudenhard“

Abb. 15 Langhaar-Zwergteckel „Till v. Haus Horst“, Weltsieger

Abb. 16 Tigerteckel, heute eine Seltenheit. Typisch die sog. Glasaugen

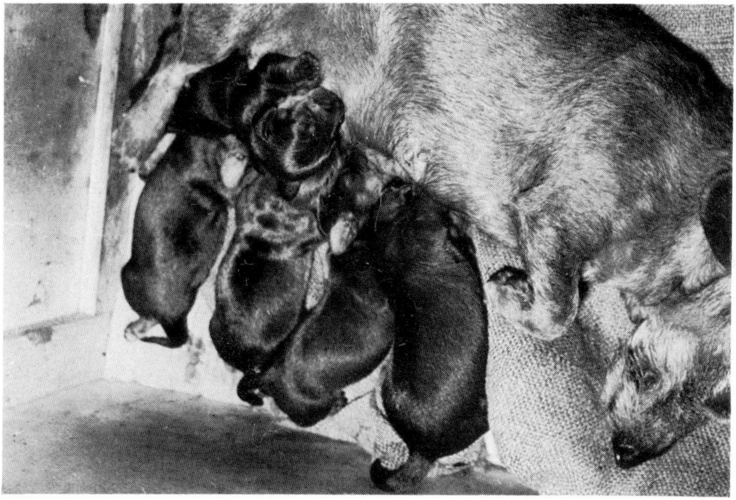

Abb. 17 Geborgen in der Wurfkiste

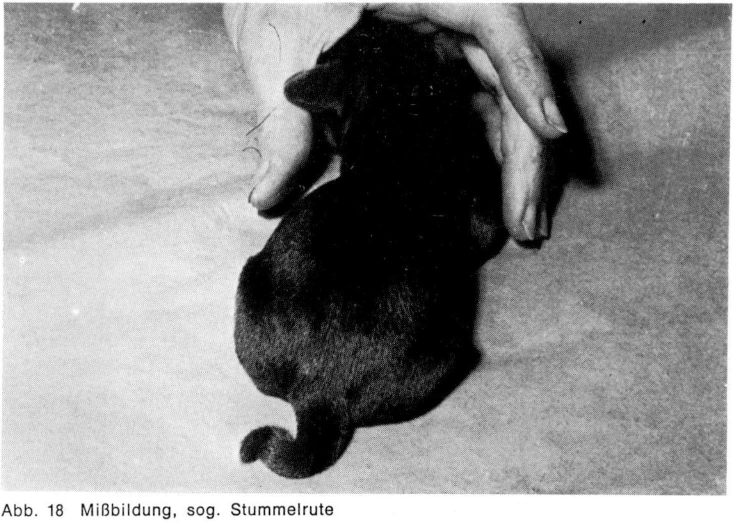

Abb. 18 Mißbildung, sog. Stummelrute

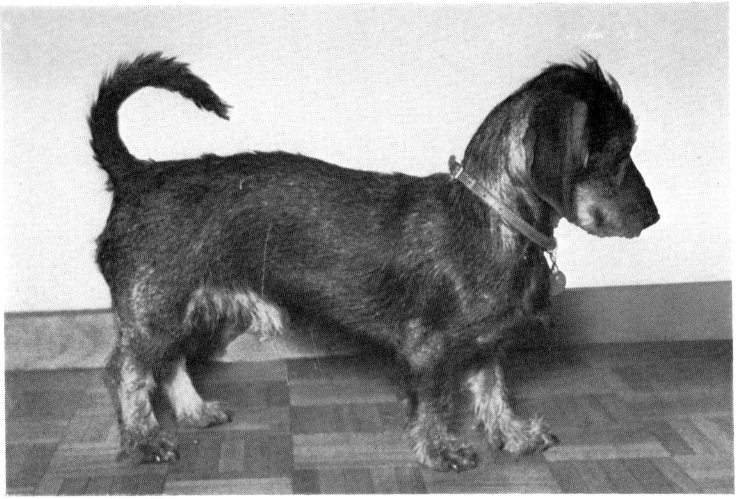

Abb. 19 So soll ein Teckel nicht aussehen

Abb. 20 Ideales Gebiß eines 5jährigen Rauhhaarteckels

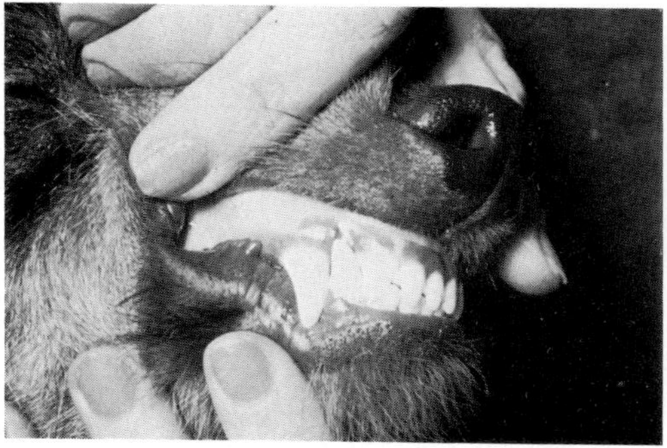

Abb. 21 Normales Gebiß (sog. Reibegebiß)

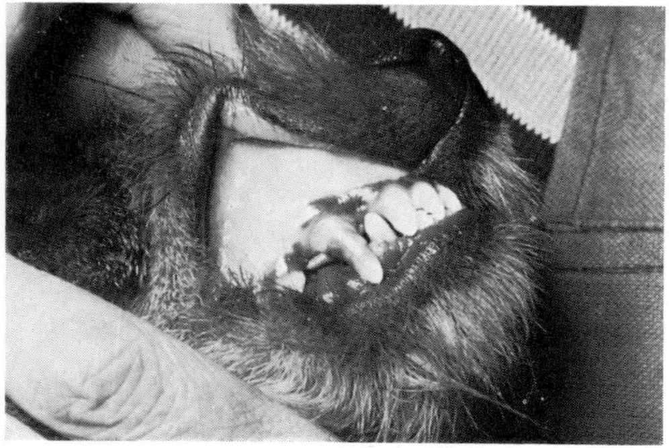

Abb. 22 Staupegebiß

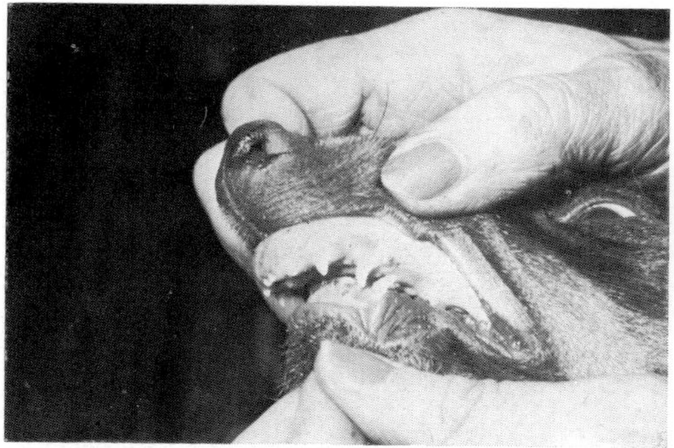

Abb. 23 Sog. Überbeißer mit Rückbiß

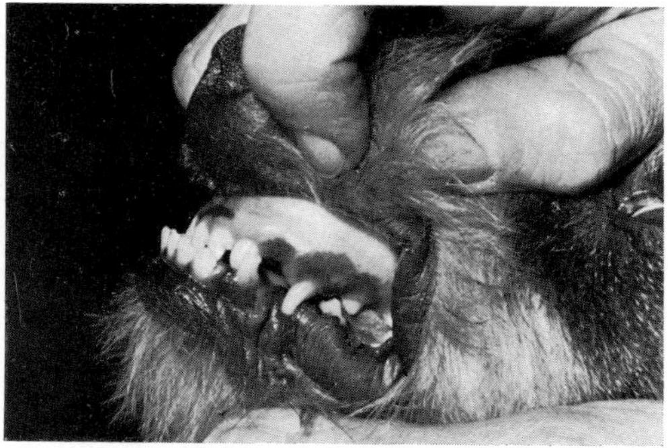

Abb. 24 Sog. Unterbeißer mit Vorbiß

Abb. 25 Zwingerhütte

Abb. 26 Blick in die Zwingerhütte (Siehe Bauplan der Zwingerhütte auf Seite 52 und 53)

Abb. 27 Waidmannsheil

Abb. 28 „Benjamin Alsatia“ verteidigt Wild (Bekannter Gebrauchshund und guter Vererber)

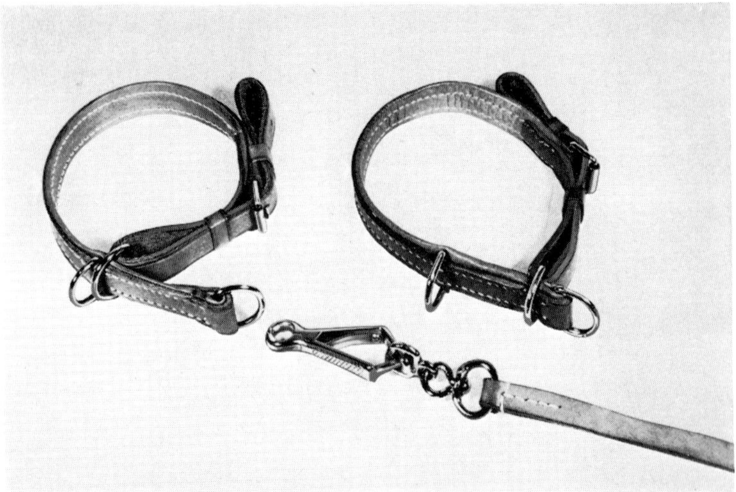

Abb. 29 Halsband, genannt Halsung

Abb. 30 Langhaar-Gebrauchshündin aus dem Zwinger v. Erlenstegen

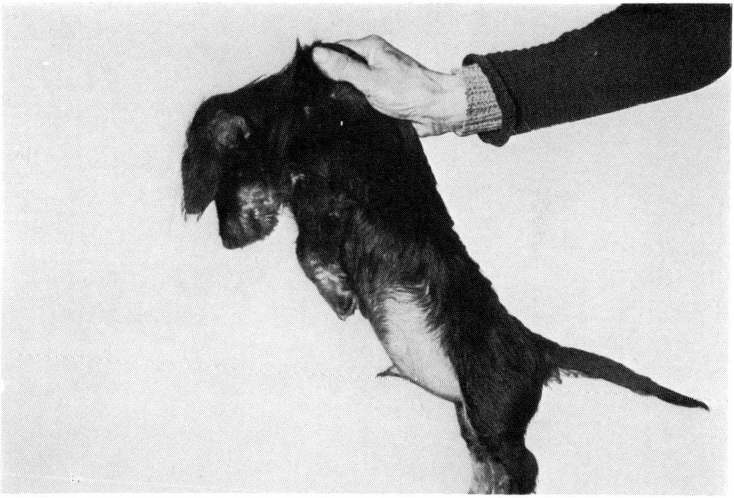

Abb. 31 Falsches Aufbauen

Abb. 32 Richtiges Aufheben

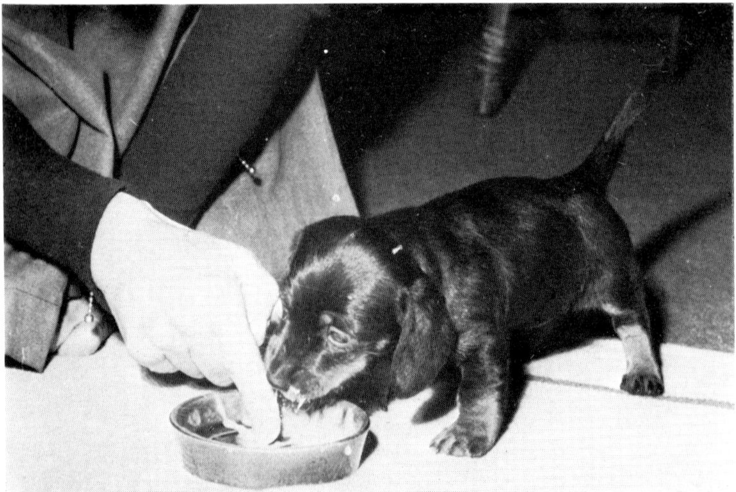

Abb. 33 Aller Anfang ist schwer

Abb. 34 Früh übt sich . . .

trächtig gewesene Hündin läßt nicht zu selten an Wesensfestigkeit und letzter Formschönheit einige Wünsche offen.

Früher oder später kommt es bei Hündinnen gelegentlich zur sogenannten Scheinträchtigkeit. Besonders bei Zwingerhaltung zusammen mit wirklich tragenden Hündinnen läßt sich eine Anschwellung des Gesäuges und eine termingerecht einsetzende Milchproduktion beobachten. Solche Hündinnen sind als Hundeammen geeignet.

Die normale Trächtigkeitsdauer beträgt 63 Tage mit geringen individuellen Schwankungen. In dieser Zeit entwickeln sich die Nachkommen, meist zwei bis vier, seltener fünf bis sechs und ganz selten sieben bis neun, bis zur Geburtsreife. Die Anzahl der Welpen hängt nur von der z. Z. des Deckaktes gerade in der Hündin vorhanden gewesenen Anzahl befruchtungsfähiger Eizellen ab. Der Rüde hat mit der Welpenzahl nichts zu tun. Der Körper der Hündin unterliegt während der Trächtigkeit einer enormen Beanspruchung und zwar sowohl durch das rasche Größenwachstum der Frucht, als auch durch die Kräftespeicherung für den Wurfakt und schließlich durch die Heranbildung des Gesäuges. Es ist selbstverständlich, daß die täglich unbeholfener werdende Hündin bald aus dem Jagdbetrieb herausgenommen wird und daß durch Haltung und ausreichende Bewegung in Licht und Luft, sowie durch gehaltvolle, nicht massige Fütterung, vorwiegend mit Fleisch, Kalbsknochen, rohen Möhren usw. ein Höchstmaß an Kondition erreicht wird. Die Hündin sollte spätestens am 30. Tage einer letzten Entwurmungskur unterzogen werden. Das Ende der Trächtigkeitsperiode zeigt sich dadurch an, daß ein auffallendes Bedürfnis nach Ruhe und Alleinsein in den Vordergrund tritt. Die Hündin sucht sich ein Versteck und fängt an, sich durch Herbeiholung von eben erreichbaren Dingen ein Wurflager zu breiten. Sie weiß instinktiv, daß die Stunde des **Werfens** bald bevorsteht.

Da wir unsere Teckelin lieben, haben wir ihr vorausschauend beim Auftreten des Nestbautriebes eine mit abnehmbarem Deckel versehene Wurfkiste bereitgestellt (Abb. 17). Diese muß in Höhe, Breite und Tiefe mindestens 40 x 40 x 60 cm messen und der Hündin das Umdrehen und ein bequemes seitliches, gestrecktes Liegen gestatten. In 6 bis 8 cm Höhe über dem Boden der Wurfkiste ist eine 4 cm dicke Randleiste angebracht, um den Welpen einen Schutzraum zu bieten, in den der Körper der Hündin nicht hineindrücken kann. Zu Beginn des eigentlichen Werfens, das sich durch plötzliche Unruhe, im Kreis gehende Bewegungen und bald einsetzendes Hecheln bemerkbar macht, nehmen wir Decken, Kissen und einen evtl. glatten Bodenbelag aus der Wurfkiste. Der rohe Holzboden der Wurfkiste, höchstens mit einer dünnen Kokosmatte, oder einem eingeschnittenen Teppichvorleger bedeckt, die sich nicht verschieben können, sind die beste Unterlage. Wenn dann die ersten schmerzhaften Preßwehen einsetzen und die Hündin anfängt, mit schlafwandlerischer Sicherheit und Folgerichtigkeit in jedem Augenblick das einzig Richtige zu tun, so benützen wir diese seltene Gelegenheit, nicht um uns als Ästheten zurückzuziehen, sondern um uns einige notwendige Gedanken über die Weisheit des Schöpfers und die Großartigkeit des Naturgeschehens zu machen. An Zeit dazu wird es uns nicht fehlen, denn der Ablauf des ganzen Wurfaktes kann sich über Stunden hinziehen. In den Wurfpausen, wenn die Hündin aus der magischen Versunkenheit des pflichtgemäßen Tuns, immer wieder einmal zu ihrer Umgebung zurückfindet, gibt sie durch Blick und Geste zu erkennen, daß ihr die Nähe des vertrauten Menschen angenehm ist. Zu ihrer körperlichen Erleichterung führen wir sie während längerer Pausen auch einmal in das Freie.

Ein Eingreifen unsererseits ist meistens nicht erforderlich. Die Hündin beißt die Eihülle, sofern sie beim Durchgang durch die engen Geburtswege nicht schon von selbst eingerissen ist, auf, legt den Welpen frei, leckt ihn und versucht, ihm durch energisches Hin- und Herbewegen, notfalls auch durch Auslecken des Maules, die ersten Atemzüge abzulocken. Dann trennt sie sich endgültig von dem Welpen, indem sie die inzwischen blutleer gewordene Nabelschnur durchbeißt. Anschließend befreit sie sich selbst von Feuchtigkeit und erwartet das Erscheinen der Nachgeburt. Ihre Absicht, diese Nachgeburt zu verschlingen, sollten wir nicht vereiteln. Der sogenannte Mutterkuchen enthält Stoffe, welche u. a. der Einleitung des Geburtsaktes des nächstfolgenden Welpen förderlich sind. Gewöhnlich schließt sich auch nach 10 bis 20 Minuten, spätestens nach halbstündiger Ruhepause die Austreibung des zweiten Welpen, dann des dritten usw. an, bis die beiden Hörner der Gebärmutter völlig leer sind. Im Bestreben, keine Spuren des Geschehenen zu hinterlassen, besorgt die Mutterhündin endlich durch ausgiebiges Belecken der Welpen deren endgültige Reinigung und Trocknung, in derselben Weise ihre eigene Toilette und zum Schluß noch die Säuberung des Wurflagers. Unsere Tätigkeit besteht darin, ihr eine frische, warme Unterlage in die Wurfkiste zu breiten und sie dem ersten, nun für lange Zeit nie mehr ganz ungestörten Schlummer zu überlassen.

Die **Abweichungen** von diesem normalen Wurfverlauf sind mannigfaltig.

Der errechnete **Wurftag** ist gekommen und keinerlei Anzeichen des Wurfbeginnes sind festzustellen. Eine Überschreitung des Termins um ein bis zwei Tage ist belanglos, wenn aber auch dann noch alles unverändert ruhig bleibt, müssen wir den Tierarzt zu Rate ziehen. Er allein wird nach eingehender Untersuchung entscheiden können, ob weiteres Warten angebracht oder ob die künstliche Einleitung notwendig ist. Wirkliches Übertragen ist selten, erhöht aber die Gefahr für Welpen und Hündin ganz beträchtlich. Jeder Hündinnenbesitzer sei davor gewarnt, jemals die Wehenspritze selbst zur Hand zu nehmen. Er kann augenblicklich seine Hündin durch Überdosierung an Herztod oder durch Gebärmutterzerreißung an Verblutung und sämtliche Welpen sowieso durch Absterben verlieren.

Es stellt sich kurz nach Beginn oder erst im Verlauf des Werfens **Wehenschwäche** ein. Die Hündin verhält sich auf einmal wieder ruhig und scheint nur Kraft zu sammeln für die nächste Attacke. Sofern nicht jetzt schon eine Blutung auftritt, dürfen wir bis zu einer Stunde warten. Nach diesem Zeitpunkt und bei geringster Blutung muß wegen akuter Gefahr für das Leben der Hündin und der Welpen sofort der Tierarzt geholt werden. Der stundenlange Stillstand des Wurfaktes, nach anfänglich regelrechtem Verlauf kann außerdem den Spättod der Hündin durch Wurffieber zur Folge haben.

Trotz **stärkster,** nun schon über Stunden sich hinziehender **Wehentätigkeit** will die Frucht nicht erscheinen. Auch hier kann nur der Tierarzt weiterhelfen. Man unterlasse jeden Eingriff an der Hündin, da Gewebezerreißungen und Wundinfektion das sichere Ende für Hündin und Welpen bringen können.

Im Verlauf des Wurfaktes zeigt sich immer mehr, daß die Hündin durch Überanstrengung der allmählichen **Erschöpfung** nahe ist. Hier müssen und sollen wir zur Hilfe bereit sein. Es bedarf wohl keiner näheren Begründung, daß wir nur mit sauberen, in Seifenwasser und Sagrotan gewaschenen Händen an das Werk gehen dürfen. Mit etwas Geschicklichkeit und Vorsicht können wir die Eihülle, in welcher der Welpe rasch ersticken müßte, mittels einer stumpfen Pinzette oder durch Knipsen mit dem Fingernagel öffnen. Die noch bestehende Verbindung zur Hündin, die Nabelschnur, wird in ungefähr 2 cm Abstand vom Welpen mit einer kleinen Schere durchtrennt. Den Welpen dürfen wir in die Hand nehmen und durch Schwenken, Anblasen mit dem Mund, evtl. auch durch einen kurzen Wasserguß zum Leben erwecken. Die erschienene Nachgeburt, welche von der Hündin nicht spontan aufgenommen wird, entfernen wir. Den abgetrockneten, belebten Welpen legen wir zur Hündin zurück und halten uns für weitere Hilfeleistungen bereit (Abb. 9).

Schon während der Trächtigkeit können manche Hündinnen **Krampfanfälle** bekommen, ebenso später während der Säugeperiode. Diese Krampfanfälle sind ganz besonders gefährlich, wenn sie im Verlauf des Werfens mit Unruhe, Zittern, Streckkrämpfen und schließlicher Bewußtlosigkeit in Erscheinung treten. Bis zum Eintreffen des Tierarztes kann eine Tablette Luminal, das wir bereithalten sollten, noch lebensrettend wirken. Auch hier sei noch einmal die Mahnung angebracht, daß wir die werfende Hündin nicht allein lassen dürfen, um solche Gefahrenmomente schon im Beginn zu erkennen.

Infolge Wehenschwäche oder eines erheblichen Mißverhältnisses zwischen Welpengröße und Enge der Geburtswege ist der Tierarzt gezwungen, mit der **Geburtshelferzange** einzugreifen. Man sollte sich der Folgen eines derart massiven Angriffs auf die zarten Gewebe des neugeborenen Tieres bewußt sein und sollte nicht zögern, diese Welpen sofort töten zu lassen. Sie haben meistens schwere Defekte und bleiben, auch wenn sie Fehler haben sollten, welche nicht auf die Geburtsverletzung zurückgeführt werden können, dennoch ein ständiger Vorwurf für den Züchter und den Tierarzt.

Der einzige Weg zur Rettung bleibt in manchen Fällen noch der **Kaiserschnitt.** Dieser Eingriff ist ausschließlich Sache eines zugelassenen Tierarztes. Operationen an Tieren unterliegen mit Recht strengen Strafbestimmungen des Tierschutzgesetzes. Der Kaiserschnitt bedeutet, rechtzeitig und kunstgerecht ausgeführt, keinerlei Qual für die Hündin. Auch für die Welpen bringt er keine größere Gefährdung als der normale Wurfakt. 90 % der Hündinnen werden wieder völlig gesund, auch wenn der Kaiserschnitt mehrmals gemacht werden mußte. Ist festgestellt, daß die Hündin überhaupt nicht normal werfen kann, so sollten wir Vernunft walten lassen und sie aus der Zucht herausnehmen. Da es anlagemäßige Minderwertigkeit des Geburtssystems von Hündinnen gibt, hat der Käufer eines Welpen aus Kaiserschnitt ein Recht darauf, diesen Umstand zu erfahren.

Eines der **schönsten Erlebnisse,** das von den Damen meist mit Ausrufen des Entzückens und von den meisten Männern auch nicht ganz ungerührt, nicht selten sogar mit einem gewissen väterlichen Wohlwollen genossen wird, ist die Besichtigung des Wurfes mit Hündin in der Wurfkiste. Man stellt fest, keine Knickrute, kein offener Wirbelkanal und alles dran an den **Welpen,** was hingehört. 3,1 mit Worten 3 Komma 1, sagt der stolze Besitzer, d. h. drei Rüden und eine Hündin liegen im Wurf. In mustergültiger Sauberkeit und Ordnung liegen sie wohlbehütet in der Kiste (Abb. 17). Selbstverständlich, denn die Teckelhündin ist in 99 von 100 Fällen eine ausgezeichnete Mutter. Ihre **Brut-** und **Wurfpflege** ist vorbildlich. In den ersten Wochen haben wir weder mit ihr, noch mit den Welpen zusätzliche Arbeit. Unsere einzige Aufgabe ist es, der säugenden Hündin das beste überhaupt beschaffbare Futter zu reichen. Wir geben Fleisch mit Zusatz von rohem, geraspeltem Gemüse, Kalbsknochen oder Kalk, und reichlich Milch. Ab und zu müssen wir die wärmende Unterlage in der Wurfkiste zwar erneuern, werden aber erstaunt immer wieder feststellen, daß sie eigentlich nur die Schmutzspuren von den Pfoten der Hündin enthält. Die Hündin, welche sich besonders im Anfang kaum Zeit nimmt, das Lager zur Erledigung ihrer eigenen Bedürfnisse zu verlassen, ist ja ständig mit Saubermachen beschäftigt. Gartenbesitzer können ihr das Leben erleichtern und ihr manche Besorgnis nehmen, wenn sie die Wurfkiste samt Inhalt einfach in das Freie stellen. Jedenfalls kehrt sie immer raschestens zu ihren Jungen zurück, die sie gegen jeden Eindringling mit einer bis dahin nicht an ihr gekannten Schärfe verteidigt. Sie macht dabei keinen Unterschied zwischen ihren eigenen und angenommenen Welpen, welche man ihr leicht nach vorheriger Präparation mit den normalen Wochenausscheidungen der Hündin, unterschieben kann.

Im Gegensatz zu diesen positiven Äußerungen des Mutterinstinktes gibt es auch bei der Teckelmutter in seltensten

Fällen eine eigentümliche Erscheinung, die man häufiger bei in Gefangenschaft gehaltenen Wildtieren beobachtet, den **Kannibalismus.** Das plötzliche, spurlose Verschwinden von Welpen sollte uns immer zur Vorsicht mahnen. Zwar gilt in der Natur allgemein das Gesetz, daß das Schwache eben sterben muß, weshalb auch die Teckelmutter nicht selten mißratene, kümmernde Welpen einfach tötet. Jedenfalls sollten wir Hündin und Welpen dann trennen und nur anläßlich des Säugegeschäftes unter Aufsicht wieder zusammenbringen.

Eine Hündin, die aus irgend einem Grunde ihre Welpen verliert, bekommt nach kurzer Zeit eine sehr schmerzhafte Milchstauung und wenn wir nichts unternehmen, auch bald eine hochfieberhafte Entzündung des Gesäuges. Durch Umschläge mit verdünntem Alkohol (1:3) essigsaurer Tonerde oder kalter Kamillenabkochung können wir die stärksten Beschwerden lindern. Innerlich gibt man Abführmittel, Bitterwasser, Kissinger Pillen, Istizin usw., um die Milchproduktion einzuschränken. Die fortgeschrittene Entzündung kann nur vom Tierarzt behoben werden.

Die großen Anstrengungen und die ganz erheblichen Gefahren, denen die Hündin durch Trächtigkeit, Wurf und Aufzucht ausgesetzt ist, haben zu der Bestimmung Anlaß gegeben, daß sie nicht dreimal nacheinander zur Zucht ausgenützt werden darf.

In der Hoffnung, daß in unserem Falle alles gut gegangen ist, gilt unsere Aufmerksamkeit nun den **Welpen.** So nennen wir die jungen Hunde bis zum Zahnwechsel im vierten bis sechsten Monat. Von diesem Termin ab heißen sie Junghunde. Die Teckel werden nicht geboren, sondern geworfen und nach jagdlichem Ausdruck gewölft. Die gewölften Teckel sind blind und erblicken erst nach zehn bis elf Tagen das Licht der Welt. Welpen sind Säugetiere, aber keine Säuglinge. Ihr Platz ist an der Seite der Hundemutter, die alles Lebensnotwendige bietet, in der Wurfkiste, bei den Geschwistern, niemals aber bei dem entzückten Frauchen im Bett. Der Platz der Welpen ist aber auch nicht der Kot und der Schmutz eines Stalles oder der feuchte Untergrund einer versumpften Wiese, sondern der ordentlich eingerichtete trockene Zwinger oder der vorgesehene Platz in der Zimmerecke. (Abb. 1, 9, 30, 17)

Das **Geburtsgewicht** der Welpen liegt durchschnittlich bei 180 bis 220 g. Bis zum Ende der vierten Woche haben sie, bei einer täglichen Zunahme von 20 bis 40 g, um das fünffache ihres Geburtsgewichtes auf ca. 1000 g zugenommen. Diese Gewichtszunahme stammt ausschließlich aus der Substanz der vollsäugenden Hündin. Es ist deshalb erklärlich, daß die Höchstzahl der von einer Hündin zu nährenden Welpen auf sechs zu beschränken ist. Der rücksichtsvolle Hundehalter wird ihr aber höchstens vier Welpen zumuten.

Von der dritten Woche ab beginnen bei den Welpen die Milchzähne zu wachsen. Die sowieso schon etwas abgekommene Hündin wird sich mehr und mehr gegen das Säugegeschäft zur Wehr setzen. Der Übergang zur selbständigen Ernährung der Welpen wird von manchen Hündinnen damit eingeleitet, daß sie den hungrigen Mäulern **vorbrechen.** Die vorverdaute Nahrung aus dem Hündinnenmagen wird von den Welpen gierig aufgenommen. Wir selbst gehen nun auch dazu über, zuerst vorsichtig, dann in immer größerer Menge zuzufüttern, um die Hündin baldmöglichst zu entlasten. Es beginnt jetzt überhaupt eine Zeit, in der wir vor oft nicht leicht zu lösende Probleme gestellt sind.

Ein Schema für die **Ernährung der Welpen** gibt es nicht. Ein guter Futterverwerter wird mit relativ geringen Mengen hochwertiger Nahrung auskommen, der geborene Fresser wird mit größeren Mengen nicht so ausgewählter Futterqualität ebenso gut gedeihen. Die Zufütterung erfolgt stets vor dem Säugen, und zwar zunächst mit dem Ersatz einer Trinkmahlzeit durch einen Eßlöffel voll sogenannter Halbmilch. Man nimmt pro Welpen einen halben Eßlöffel voll Hafer- oder Mehlschleim und vermischt ihn mit einem halben Eßlöffel Milch. In rascher Folge wird auf viermal ein Eßlöffel voll Halbmilch gesteigert und nach Erreichung dieser Futtermenge der Zusatz von gekochtem Fleisch, Leber, Lunge usw. versucht. Das Gedeihen der Welpen ist erkenntlich an stetiger Gewichtszunahme. Milchschleim und Fleischanteil werden nun beständig erhöht und dem Futter täglich pro Welpe ein Kaffeelöffel voll geraspelte Möhren oder gekochter Spinat, sowie eine Messerspitze voll phosphorsaurem Kalk und etwas Murnil zugegeben. Murnil ist ein Vitamin, das vor allem auf die Haarqualität eine günstige Wirkung entfaltet. Während der kalten Jahreszeit geben wir noch täglich einen halben Kaffeelöffel mit Lebertran und im Sommer während des etwaigen Zahnwechsels einen sogenannten Vigantolstoß. Vigantol dient der Verhütung der Rachitis und der Gebiß-Schäden. Eine große Erleichterung für die Normalfütterung sind **Hundekuchen.** Durch ihren hohen Gehalt an Weizenmehl, Mineralien, Fleisch, Fisch, Lebertran und Phosphor sind sie beinahe eine Vollkost. Hundekuchen haben dazu den Vorteil, die Welpen zum Gebrauch des Gebisses und zur Betätigung der Kaumuskulatur anzuregen: zwei der Voraussetzungen zur normalen Entwicklung der Kieferknochen. Mit der Fütterung von Knorpel und Kalbsknochen können wir dasselbe Ziel erreichen, doch sollten wir hier Mäßigung üben, da zuviel Knochenfütterung zu Verdauungsstörungen führt. Bei eingetretener Verstopfung genügt meist etwas rohes Knochenmark, bei Durchfällen dünner, ungesüßter, schwarzer Tee.

Maßgebend für die Fütterung der Welpen ist die **Qualität,** nicht die Quantität. Wichtig ist die **Regelmäßigkeit** der Fütterung. In den ersten Wochen geben wir fünf Mahlzeiten, nach sechs Wochen gehen wir auf drei, nach dem Zahnwechsel und beim erwachsenen Hund auf zwei Mahlzeiten am Tage zurück. Dem mehrjährigen Teckel wird **eine** Hauptmahlzeit genügen.

Das gesundheitliche Schicksal des Teckels, ebenso wie seine spätere Leistungsfähigkeit in Verbindung mit der bestmöglichen Form, wird in den ersten drei bis vier Lebensmonaten entschieden. Wer hier spart und mit Schlapperbrühe und ausgekochten Suppenknochen ein eben noch lebensfähiges Wesen heranzieht, bringt sich selbst um den später begehrten Erfolg.

Zum besonderen Problem wird die Frage der **Welpenaufzucht,** wenn aus irgend einem Grunde die Mutterhündin kurz nach dem Werfen zugrunde geht. Wem das Glück beschieden ist, gerade in diesem Zeitpunkt im eigenen Zwinger, bei Freunden oder durch Vermittlung des Tierarztes oder einer Tierschutzorganisation eine geeignete Hundeamme aufzufinden, der mag von großer Sorge befreit, erleichtert aufatmen. Wer aber trotz aller Bemühungen am Ende doch allein mit den kläglich schreienden, zum sicheren Hungertode verurteilten Kreaturen dasteht, der möge sich vor der Alternative rasche Tötung der Welpen oder Versuch der künstlichen Aufzucht gründlich überlegen, ob er zu letzterer auch innerlich und äußerlich in der Lage ist. Man stelle sich vor: Mindestens drei Wochen lang sind die Welpen ohne Unterschied der Tages- oder Nachtzeit, in allerlängstens dreistündigen Abständen zu füttern. Zunächst ist das nur mit der Tropfpipette möglich, später wird man auch ein Puppenfläschchen verwenden können. Als Nahrungsgemisch kommen alle auch für die menschlichen Säuglinge gebräuchlichen Milchtrockenpräparate in Frage, die in unserem Falle nach der Vorschrift des ersten Lebensmonats zuzubereiten sind. Größte Sorgfalt ist der Warmhaltung der verwaisten Welpen zu widmen. Ein Dunkelstrahler oder die untergelegte, regelmäßig nachgefüllte Gummiwärmflasche erfüllen im großen und ganzen den beabsichtigten Zweck. Die größte Schwierigkeit bereitet aber erfahrungsgemäß das Sauberhalten und die Säuberung der Hundewelpen. Ziemlich oft muß man sie in den ersten Tagen durch vorsichtiges Streicheln und Kitzeln am Bäuchlein dazu bringen, sich zu lösen. Nach etwa einer Woche werden sie zwar von selbst funktionieren, uns dafür aber auch zu immer neuen Improvisationen der Reinlichkeit zwingen. Schließlich wird man mit viel Zellstoff und einer Einstreu von Torfmull noch am besten der Verunreinigung Herr. Erst von der vierten Lebenswoche der Welpen ab werden auch wir wieder zu einem einigermaßen geordneten persönlichen Leben zurückkehren können. Es ist ein Zeichen bewunderungswürdiger Tierliebe, daß trotz der geforderten Opfer alljährlich eine ganze Reihe von Würfen mit Erfolg auf diese Weise aufgezogen werden (Abb. 33).

In diesen ersten Aufzuchtmonaten ist uns der zuständige **Zuchtberater** des Deutschen Teckelklubs ein willkommener Freund. Es empfiehlt sich auf jeden Fall, ihn jetzt aufzusuchen oder ihn zu bitten, als Gast zu kommen, um die für die spätere Eintragung der Welpen bindend vorgeschriebene **Wurfbesichtigung** vorzunehmen. Bei dieser Gelegenheit werden wir seine erprobten Ratschläge als die eines uneigennützigen Teckelfreundes kennenlernen. Die Hinweise auf von uns gemachte Fehler in der Zuchtwahl, Haltung, Pflege, Fütterung usw. sind nicht als Rügen aufzufassen, sondern als wohlgemeinte Vorschläge für die Zukunft. Der Zuchtberater übt seine Tätigkeit im Auftrage der Dachshundorganisation rein ehrenamtlich aus und empfängt für seine Bemühungen keinen anderen Lohn, als unseren bescheidenen Dank.

Bei der **Wurfbesichtigung** stellt er fest, daß sich die Welpen in einwandfreiem Fütterungszustand befinden. Die Hündin läßt durch beginnenden Haarausfall allerdings erkennen, daß sie schon etwas übernommen wurde. Er empfiehlt uns die sofortige Einführung der Zusatzfütterung. Die Welpen haben keine erkennbaren Fehler. Lediglich bei einem ist eine sogenannte Wolfskralle vorhanden. Er rät uns, diese bald durch den Tierarzt entfernen zu lassen. Auch gesunde Welpen haben meistens etwas dicke Bäuche. An einigen jedoch erkennt er, daß sie beim Stehen und während des Herumlaufens einen deutlichen Katzenbuckel machen. Es ist daraus mit großer Sicherheit zu schließen, daß stärkerer Wurmbefall vorliegt. Die durchzuführende Entwurmungskur geschieht mit Spezial-Welpenkapseln, oder, wenn besondere Vorsicht geboten ist, durch ein vom Tierarzt verordnetes, individuelles Präparat. Was wir nicht gesehen haben, fällt doch dem Zuchtberater auf, daß nämlich die ganze Hundefamilie zusätzlich noch Läuse und Flöhe hat. Durch einmaliges Einpudern mit Jacutin werden wir dieser Plage schnell Herr. Im Gespräch verweist uns der Zuchtberater auf die **Notwendigkeit** der vom dritten Lebensmonat ab, durch den Tierarzt, vorzunehmenden Schutzimpfung gegen Staupe, infektiöse Lebererkrankung und Stuttgarter Hundeseuche. Es ist erwiesen, daß die neuentwickelte Staupe-Hepatitis-Leptospirose-Vaccine den Hund für lange Zeit und bei Wiederholung für immer gegen diese drei gefährlichsten aller Hundekrankheiten schützt.

Voll Interesse hören wir noch, daß die **Tätowierung** der Welpen, zwischen der vierten und achten Lebenswoche, schon sehr populär geworden ist. Die Tätowierung erfolgt mit einem Spezialinstrument in die Innenseite des rechten Behangs und ist richtig ausgeführt gefahrlos und schmerzlos. Da durch diese Kennzeichnung eine absolute Gewähr für züchterische und dokumentarische Echtheit gegeben ist, wurde die Tätowierung inzwischen für die Teckelzucht als verbindlich erklärt. Dementsprechend enthält die derzeitige Ahnentafel eine Rubrik für die Täto-Nummer. Die damit endlich geschaffene Möglichkeit zur sicheren Identifizierung eines anzuschaffenden oder vorübergehend in Verlust geratenen Tieres bietet für den Züchter, den Liebhaber und besonders für den Jäger ein derartiges Maß beruhigender Gewißheit, daß alle Einwände organisatorischer Art dagegen verstummen müssen. Bedenken des Tierschutzes sind ebenfalls gegenstandslos, da die Teckelfreunde selbst genügend darüber wachen, daß mit ihren wertvollen Hunden nichts geschieht, was zum Schaden oder zur Qual gereichen könnte. Ganz allgemein ist die Liebe zum Dachshund nur ein Teil ihrer umfassenden Tierliebe, die jeden Mißbrauch von Lebewesen ausschließt. Diese fürsorgliche Einstellung gegenüber den eigenen Zuchtergebnissen kommt auch darin zum Ausdruck, daß der Teckelzüchter seine Tiere nicht einfach planlos und gleichgültig für deren weiteres Schicksal an irgend einen Meistbietenden veräußert.

Verkauf und Kauf

Die Welpen, welche im allgemeinen von der achten bis zehnten Lebenswoche ab aus der vertrauten Kinderstube in das unbekannte Milieu des neuen Teckelbesitzers hinüberwechseln, bedürfen auch weiterhin der pfleglichsten Aufsicht, Wartung und Erziehung. Das Bestreben des ordentlichen Züchters wird also sein, denjenigen unter den Interessenten als endgültigen Käufer auszuwählen, der sich durch seine Tierliebe, seine häuslichen Möglichkeiten der Hundehaltung und wenn möglich durch ein schon gewecktes Verständnis für die jagdlichen Eigenarten des Dachshundes von selbst empfiehlt.

Ehe nun aber das kleine Etwas, das einmal ein richtiger, frecher, draufgängerischer und allezeit um sich Freude bereitender, schöner Teckel werden soll, seine Geburtsstätte für immer verläßt, sollten der neue Herr oder das neue Frauchen noch einmal alles überdenken, was sie schon vor dem Kauf eines Rassehundes unbedingt wissen mußten.

Jeder Teckelkäufer hat das Recht und die Pflicht, sich vor Abschluß des Kaufes über die Abstammung des Hundes, insbesondere über die Elterntiere, deren Zucht- und Jagdbewährung genauestens zu informieren. Er wird sich deshalb die Ahnentafel des zu kaufenden Welpen vorlegen lassen und dieses Dokument auf seine Richtigkeit und Gültigkeit prüfen.

Auch jede seriöse Tierhandlung wird Interessenten jederzeit gern beraten und dafür garantieren, daß der Käufer einen reinrassigen Hund mit gültigen Papieren erwirbt.

Stammbuch

Das Deutsche Teckelstammbuch des deutschen Teckelklubs ist das Geburtsregister aller rein gezüchteten Dachshunde. Zugelassen und verantwortlich für seine Führung ist das Stammbuchamt bei der Geschäftsstelle des Deutschen Teckelklubs. Eintragungen in das Stammbuch erfolgen nur auf Antrag. Zur Antragstellung ist jeder Besitzer einer Hündin, welche einen Wurf hat, ebenso jeder Erwerber eines Hundes, dem die Ahnentafel noch fehlt, berechtigt. Dem Antrag sind beizufügen: Die Ahnentafel des Muttertieres. Eine vom Deckrüdenbesitzer erst nach Eintreffen des Wurfes auszustellende sog. Deckbescheinigung, aus der auch die Abstammung des Vatertieres ersichtlich ist. Weiterhin die Bestätigung eines Zuchtberaters oder eines Tierarztes, daß der einzutragende Hund keinen Fehler hat.

Die Eintragung erfolgt auf den Namen des Züchters oder seines Zwingers. Bei vorhandenem Zwingerschutz ist auch die Zwingerschutzkarte dem Antrag beizulegen. Die Vornamen der Hunde werden von Fall zu Fall durch den Züchter zwanglos, üblicherweise aber nach einem Buchstabenschema ausgewählt. Mit der Eintragung erhält der Hund eine Stammbuchnummer, welche für die Zukunft einen Bestandteil seines Namens bildet. Außerdem wird vom Stammbuchamt die bei allen Zuchtvereinen des In- und Auslandes anerkannte Ahnentafel ausgestellt. Die Eintragungsbestimmungen gelten ohne Ausnahme. Auch in Härtefällen ist ohne die erforderlichen schriftlichen Nachweise die Eintragung und damit die Ausstellung einer Ahnentafel unmöglich.

Dachshunde mit hervorragenden Leistungen auf bestimmten Jagdgebrauchsprüfungen und überdurchschnittlichem Formwert werden später zusätzlich noch in das Gebrauchsteckelstammbuch eingetragen.

Ahnentafel

Die Ahnentafel ist ein unabdingbares Attribut des echten Dachshundes. Auch der schönste Teckel ist ohne dieses Papier für die Zucht völlig wertlos. Die einzige Stelle in Deutschland welche Ahnentafeln für Dachshunde mit internationaler Gültigkeit seit dem Jahre 1888 ausstellt, ist das Stammbuchamt des Deutschen Teckelklubs. Die Angaben auf den dort ausgestellten Ahnentafeln sind verbindlich und jederzeit überprüfbar. Aus diesem Grunde besitzt die Ahnentafel des DTKl. auch den Wert und den gesetzlichen Schutz der Urkunde. Somit ist die Abstammungsurkunde des DTKl. zugleich ein Gewährschein für Reinzucht und, seit Verschärfung der Zuchtrichtlinien, ein absoluter Qualitätsausweis. Die Rückseite der Ahnentafel enthält Angaben über Besitzwechsel, Ausstellungs- und Prüfungserfolge.

Nach der Erlegung des vollen Kaufpreises geht auch die Ahnentafel des Teckels mit entsprechendem Verkaufsvermerk an den neuen Besitzer über. Der Züchter kann in Streitfällen auf deren Herausgabe verklagt werden, da der Hund ohne das gültige Papier nicht mehr als Rassehund anerkannt wird. Teckel ohne Ahnentafel des DTKl. können weder auf einer Ausstellung des VDH, noch auf einer Prüfung der erwähnten Teckelzuchtvereine, noch auch auf einer Veranstaltung des Jagdgebrauchshundeverbandes im VDH geführt werden. Ihre Nachzucht wird in Duisburg nicht eingetragen. In Schadenersatzfällen kann ihr Wert erheblich gemindert werden.

Außer den erwähnten Garantien für **Reinzucht** kann der Teckelkäufer noch die Zusicherung fordern, daß der Welpe zum Zeitpunkt der Übergabe gesund und frei von erkennbaren Mängeln und Fehlern ist. Weitere Zusagen sind unmöglich. Aus der Beschaffenheit der Elterntiere und deren Vorfahren läßt sich zwar mit hoher Wahrscheinlichkeit eine Prognose für die Jungtiere erstellen, doch können bindende Verspre-

Deutscher Teckelklub

e. V., gegründet 1888
angeschlossen beim Verband für das Deutsche Hundewesen
und der Fédération — Cynologique — Internationale

Ahnentafel

für den Dachshund

Name: Holle vom E l f e n t a n n

Geschlecht: Hündin | Farbe und Abzeichen: kurzhaar - rot | Stammbuch Nr. 5600418 K

Wurftag: 9. Juni 1956 | Leistungszeichen: | Gebr. St. Nr.

Züchter: Wilhelm Matthes, Lippstadt | Täto Nr. 3Ko185

Eltern	Großeltern	Urgroßeltern
1. Vater Gs 1954 Trabant vom E l f e n t a n n -BhFK.,Sp.,Vp.- St.B.Nr. 510639 K G.T.St. 17/53 kurzhaar-schwarzrot	3. Erlkönig vom Elfentann - Sp.- 471321 K	7. Astor vom Wahlhof 431017 K
		8. Rottraut von Höfingen 450697 K
	4. Grit vom Elfentann -BhFK.- 481132 K	9. Heros vom Elfentann -Sp.SchwhK.,BhFK.Vp.BhDK.- St.B.Nr.470005 K.G.T.St.7/49
		10. Alix vom Schocketal 470902 K
2. Mutter Ilka vom E l f e n t a n n - BhFK.,Vp.- St.B.Nr.520569 K G.T.St. 18/54 kurzhaar - rot	5. Rival von der Sauhatz - Sp.,SchwhK.- 450081 K	11. Reichssieger Rubin vom Schwarenberg 351775 K
		12. Coralle von der Sauhatz 430332 K
	6. Koralle vom Elfentann -Vp.,BhFK.- St.B.Nr. 491399 K G.T.St. 3/52	13. Heros vom Elfentann -Vp.,BhDK.,BhFK.,Sp.SchwhK.- St.B.Nr.470005 K.,G.T.St.7/49
		14. Anka aus der Grafschaft Diepholz - BhFK.- 450587 K

Ich der unterzeichnete Züchter versichere, daß der vorbezeichnete Hund von mir gezüchtet ist und die dem Zuchtbuchamt beigebrachten Zuchtunterlagen echt sind und die gemachten Angaben auf Wahrheit beruhen.

Lippstadt, den 5. 8. 1956

KURZHAAR-TECKELZWINGER
„Vom Elfentann"
Bes.: Wilh. Matthes, Lippstadt
Detmolder Straße 4
Unterschrift des Züchters: Matthes.

Nach Prüfung der mir beigebrachten vorgeschriebenen Abstammungsangaben und Zuchtunterlagen habe ich den vorbezeichneten Hund unter der oben angeführten Nummer in das Stammbuch des Deutschen Teckelklubs eingetragen.

Duisburg, den 3. August 1956

Zuchtbuchführer

Leistungszeichen:
BhFK. = Bauhund Fuchs Kunstbau, BhDK. = Bauhund Dachs Kunstbau, BhFN. = Bauhund Fuchs Naturbau, BhDN. = Bauhund Dachs Naturbau, W. = Würger, Sp. = Spurlautprüfung bestanden, SchwhK. = Schweißhundprüfung auf künstlicher Wundfährte bestanden, SchwhN. = Schweißhundprüfung auf natürlicher Wundfährte bestanden, Tv. = Totverbeller, Tw. = Totverweiser, Vp. = Vielseitigkeitsprüfung bestanden, VGP. = Vollgebrauchsprüfung bestanden, KSchl H = Kaninchenschleppe — Herausziehen, KSpN. = Kaninchensprenger — Natur, St. = Stöberprüfung bestanden, As 19... = Ausstellungssieger 19..., Gs 19... = Gebrauchssieger 19...
ISchCh. = Internationaler Schönheits-Champion
IACh. = Internationaler Arbeits-Champion

chungen über späteren Formwert, Gebrauchswert, Zuchteignung usw. weder verlangt, noch gegeben werden. Ein gut veranlagter Welpe von zehn Wochen kann mit einem Jahr ein Überbeißer, Knicker, und wie diese unerwünschten Dinge alle heißen, geworden sein. Der mit acht Wochen gekaufte „Zwerg" hat am Schluß bei entsprechendem Umfang ein Gewicht von 14 Pfund. Ein Überzwergteckel. So unangenehm dem Züchter derartige gelegentliche Fehlschläge auch sind, so müssen sie doch von beiden Seiten in Kauf genommen werden. Man kann versuchen, diesem Risiko mit Geld zu begegnen, indem man einen ausgewachsenen, auf Ausstellungen und Prüfungen schon hochprämiierten Teckel zu erwerben sucht. Meist gelingt das aber nicht, da ein solcher Spitzenhund weder für Geld, noch für gute Worte zu haben ist. Glücklicherweise kommt es den meisten Menschen aber gar nicht so sehr auf die letzten Feinheiten der Hochzucht an. Es genügt ihnen, wenn sie einen liebenswürdigen Hausgenossen, oder einen braven Jagdgefährten haben, mit dem man gelegentlich eine Ausstellung besuchen und gegebenenfalls auch einmal züchten kann. Ein Welpe aus einer guten Zucht wird in dieser Hinsicht bestimmt nicht enttäuschen. Es liegt an uns, seine angewölften Vorzüge durch sachgemäße **Haltung** und planvolle **Erziehung** zu entwickeln und zu festigen.

Aufzucht und Erziehung

Die Aufzucht eines einzelnen Teckelwelpen ist eine schwierige, mühsame und zeitraubende Angelegenheit. Wer weder Verstand, noch Geduld, noch Muße hat und diese Qualitäten auch in seiner häuslichen Umgebung, bei Frau, Kindern, Nachbarn, tierliebenden Verwandten oder Angestellten nicht vorfindet, sollte auf die Haltung eines Hundes überhaupt verzichten. Bedenken wir doch, daß er als Meutetier die Nähe des Menschen braucht. Dieser ist ihm von nun an Gefährte. Dem vereinsamten Welpen hat er die Mutter, die Geschwister, die Spiel- und Schlafgefährten zu ersetzen. Sein Mitteilungs- und Gemeinschaftsbedürfnis richtet sich ganz allein an ihn. Da er allein es vermag, ihm Lust durch Bewegung, Spiel und Jagd zu bereiten, da er es ist, der ihm Hunger und Durst stillt, erkennt er bald die Überlegenheit des Menschen an. Er lernt es schnell sich unterzuordnen und seiner Freude Ausdruck zu verleihen. Er wird sich dem Einfluß des Menschen nicht entziehen können, wenn dieser versucht, ihn durch Haltung und Erziehung in einem von uns selbst und von unserer Umgebung gewünschten Sinne zu formen. *Wir werden erkennen, daß die Tugenden unseres Teckels bald nur Abwandlungen unserer eigenen Vorzüge, leider aber auch, daß seine Untugenden Wiederholungen unserer uneingestandenen Schwächen sind.* Gewappnet mit Gleichmut, Unbeirrbarkeit, Selbstbeherrschung und Liebe gehen wir an das Werk.

Unser Welpe braucht als Erstes eine **Behausung.** Wir wählen nicht das elegante Paradekörbchen, sondern die aus Sperrholz oder aus derbem Weidengeflecht angefertigte, mit einem Türchen versehene Zimmerhütte. Diese Konstruktion gewährt dem ängstlichen Ankömmling Schutz und Deckung und wird ihm zum vertrauten Aufenthalt, wenn wir ihn aus irgend einem Grunde einmal für einige Stunden wegsperren müssen. In späterer Zeit ist die erfolgte Gewöhnung an diese Hütte auch für uns eine große Erleichterung, da uns er Teckel in seinem Verließ weder beim Transport, noch bei der Unterbringung im Hotel, oder bei Fremden irgendwelche Umstände macht. Die Hütte wird mit einer waschbaren, mehrfach zusammengelegten Wolldecke ausgestattet, die ihm außer Wärme auch das Material für die umständliche Beschäftigung des Baues und Umbaues seiner Liegegrube abgibt. Vor die Hütte kommt eine möglichst alte Decke, auf der er sich unter Verzicht auf Beschmutzung des eigenen Lagers erfahrungsgemäß gerne löst. Später, wenn wir ihm die besseren Manieren beibringen, kann er nachts in die Hütte eingeschlossen werden. In der Umgebung der Hütte liegen wie auf einem surrealistischem Gemälde ausgebreitet: ein Hausschuh und ein Gummiknochen, ein Ledergürtel, ein Teddybär, die Hasenpfote in einem Herrenkragen, der Spiegel einer unschuldigen Pfütze: Das Spielzeug unseres Welpen. Der Hygiene und Sauberkeit in der Nähe der Teckelbehausung helfen wir laufend durch bereitliegende Aufwischlappen und Tempotaschentücher mit bestem Erfolg auf die Beine.

Der Ort, an dem wir die Zimmerhütte aufstellen, ist mit besonderer Sorgfalt auszuwählen. In die allgemeinen Aufenthaltsräume der Menschen kann sie nicht kommen. In einem modernen Haushalt dürfte das Badezimmer oder sonst ein unbenutzter Raum, eventuell auch das trockene, lichte, im Winter mitbeheizte Souterrain brauchbar sein. In der einfachen Mietwohnung kann sein Domizil in der Küche oder auf dem Vorplatz zugfrei aufgeschlagen werden. Für Besitzer von Gärten mit gedeckten Veranden ergeben sich in dieser Hinsicht keine besonderen Probleme. Sie können einen kleinen Laufstall von etwa 1 bis 2 m^2 Grundfläche aufbauen oder sich gleich für kommende Zeiten des Züchtens einen Zwinger errichten. Der Aufbau der Zwingerhütte ist auf Abb. 25, 26 wiedergegeben. Wer soweit gekommen ist, hätte sich anstatt des einen Welpen deren zwei anschaffen können, wodurch ihm viele Mühen des Anfangs erspart geblieben wären.

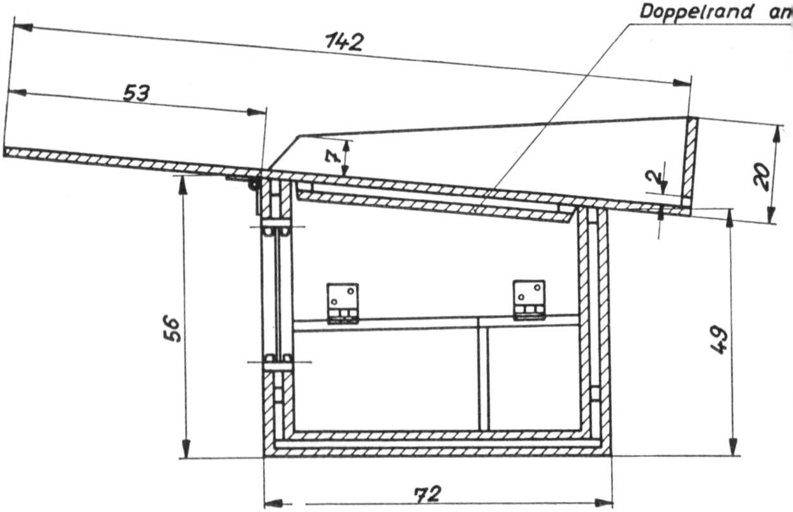

Schnitt A-B

Punkt „X"

Typ : URLAS

Maße in cm

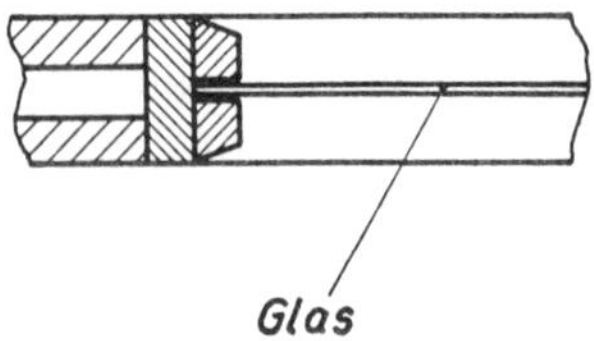

Dach

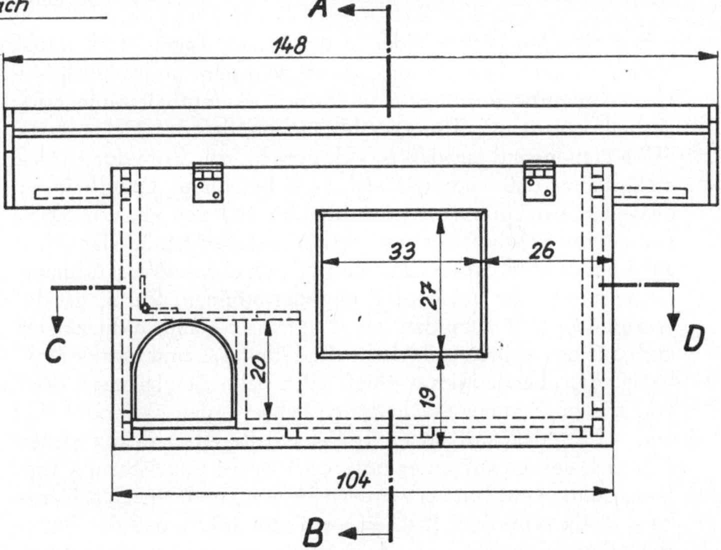

Schnitt C-D

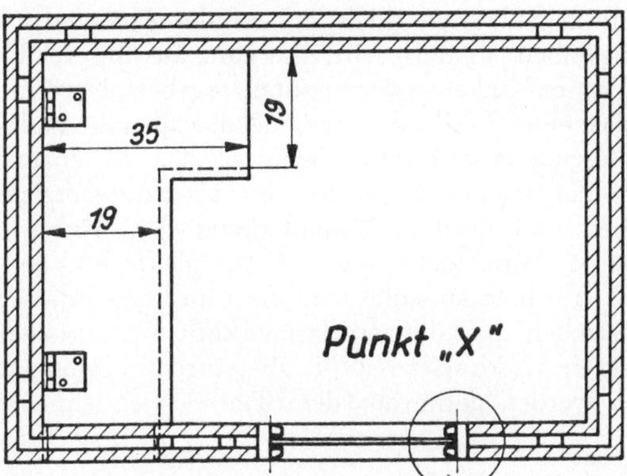

Der **einzelne** Welpe leidet in den ersten Tagen stark unter Heimweh und bereitet uns durch Winseln und nächtliches Heulen manche unruhige Stunde. Sein Aufenthaltsraum muß deshalb in jedem Fall so gewählt werden, daß das Tier unserer Nähe stets gewiß ist, daß es sich dort bis zur Ermüdung tummeln kann, daß auch wir selbst zu Spiel und Unterhaltung bisweilen bei ihm verweilen können und vor allen Dingen, daß dem unvernünftigen Tier nichts zustoßen kann. Man achte auf hohe Stufen, weite Geländer, eingegrabene Wassertonnen, Gegenstände, die herab- und umfallen können, Vorhänge, die es abreißen und Teppiche, die es anfressen kann, nicht zuletzt auch auf erreichbare elektrische Steckkontakte und Starkstromkabel, die oberflächlich verlegt, oder beim Staubsaugen usw. von uns im Zimmer mit herumgezogen werden. So ergibt sich von selbst, daß sich unser Teckel an die Abgrenzung seines Bereichs, den er nur unter unserer Aufsicht und Führung verlassen darf, gewöhnt. Er wird weder uns, noch unseren Nachbarn lästig sein. Sein Instinkt wird ihm sagen, daß der Raum mit allem, was darin ist, sein Besitz ist, den er als solchen erkennt und mit wachsender Energie verteidigt.

Inzwischen beginnt sich auch schon abzuzeichnen, wie sein künftiger familiärer **Rufname** lauten wird. Er wird meist mit dem wohlklingenden, vom Züchter mehr oder weniger beziehungsreich gedachten Adelstitel auf der Ahnentafel nicht viel gemein haben, sondern wird sich ganz aus unserer Einstellung zum Tier entwickeln oder spontan ergeben. Der eine sieht in ihm das ewig hilfsbedürftige, liebeheischende und daher zu verwöhnende Hundekind und wird den Kosenamen bevorzugen, der andere betrachtet ihn als rauhbautzigen Naturburschen und wird dementsprechend den häufig dialektgebundenen Anruf gebrauchen. Ganz gleich wie der Einzelne das für sich hält, so sollte man doch im begreilichen Originalitätsbestreben die Grenzen des wirklich Humorvollen und die des guten Geschmacks nicht überschreiten. Gängige Teckelnamen werden gerne aus dem Tierreich entlehnt, so: Grille,

Hummel, Maus, Milan, Forelle, Spatz, Biene, Zaunkönig, Motte, sowie die entsprechenden Verkleinerungsformen: Mausi, Spatzi, Spätzle, Zauni, Zäunlein usw., oder aus der Fabelwelt entnommen, wie: Holle, Hexe, Troll und Wicht. Die Fantasie beschert uns: Falla, Fama, Farga, Seddi, Rixi, Salla; ein zärtlich gemeinter Humor den Piefke, Lumpi, Murx, Rakker, Rüpel, Schlingel, Schlupfi, Strick und den Puff. Die alten Erdmann und Waldmann sind fast verschwunden, dafür gibt es in Norddeutschland die Waldis und Waldinen, in Süddeutschland die Waldos und die Waldl. In Bayern den Wastl, Seppl, Jockl, in Schlesien den Männe, am Niederrhein den Bums, in Ostdeutschland den Lorbaß und fast überall den Bürschl oder Bürschi. Ich selbst habe den Golf, der dann frei nach Möricke Suckelborst, dann Borstig und jetzt Borsti heißt. Der Teckelfreund, der die Bilder zu diesem Büchlein beisteuerte, besitzt den auf Bild 6 zu sehenden Folio, der über Foli-Bo zum Foli-Bum und schließlich zum Bum-Bum wurde. Gar nicht passend für unseren Teckel sind die typischen Rufnamen anderer Hunderassen. Prinz und Rex sind Schäferhunde, Hektor und Nero sind Doggen, der Fips ist ein Spitz (neuerdings auch ein Affe), der Schnauzl versteht sich von selbst, Carmen ist eine Pudeldame, Feldmann ist ein Hühnerhund und Tell und Treff sind unverrückbar Vorstehhunde. Was sagt man zu „Herrn Schmidt"? Herr Schmidt ist auch ein Teckel, der auf diesen Ruf herbeikommt – oder nicht. Ein rechter Schelm.

Die nächstdringliche Aufgabe vor Erweiterung seine Lebensbereiches besteht in der **Erziehung zur Stubenreinheit.** Jede mehr oder weniger kluge Methode muß versagen, sofern wir nicht vorher durch absolute Regelmäßigkeit und Gleichmäßigkeit der Fütterung seine Verdauung in Ordnung und durch laufende Beobachtung seine Absichten unter Kontrolle gebracht haben. Vom vierten Lebensmonat ab wird es dann gelingen, ihn stubenrein zu machen. Man bringt ihn alle zwei bis drei Stunden, auf wenigstens zehn Minuten, immer wieder an denselben Platz im Hof, im Vorgarten, in einer Anlage, oder auf die Straße und belohnt ihn nach löblichem Tun. Rüden sind im allgemeinen gegen den Untergrund des gewählten Ortes gleichgültig, Hündinnen lösen sich lieber auf Rasen oder Sand. Erwischt man den Sünder zufällig in der Wohnung im Ansetzen zur ominösen Verrichtung, dann trägt man ihn raschestens an die vorgesehene Stelle. Unsere tadelnden Worte und Gesten wird er in diesem Zusammenhang bald genauso gut verstehen, wie die aus obigem Anlaß geschehene Belobigung. Gewöhnung ist alles. Gewaltmaßnahmen wie Durst- und Hungerkuren, Prügel, Nasenstüper in die Pfütze usw., sind unvereinbar mit der Erziehung eines selbstbewußten, fröhlichen, dabei hochempfindlichen Lebewesens. Der klägliche Anblick eines solchen im Charakter getroffenen Teckels, der im Angesicht seines Peinigers aus Angst sich löst, spricht für sich. Das Äußerste, was wir dem jungen Tier an Zwang zumuten dürfen, ist das möglichst kurzfristig bemessene, nächtliche Eingesperrtsein in die Zimmerhütte.

Im Verlauf der Bemühungen um seine Stubenreinheit hawir auch schon versucht, ihn an **Halsband und Leine** zu gewöhnen. Halsung und Riemen, wie diese beiden Dinge in der Jägersprache heißen, sollen zweckentsprechend und in ihren Dimensionen dem Körperbau des Teckels angepaßt sein. Am besten ist das verstellbare Zughalsband mit Hemmungsöse, das durch seine automatische Engstellung bei Zug ein Durchschlüpfen des Teckelkopfes verhindert, in Weitestellung aber das Abstreifen der Halsung über den Kopf, ohne langwieriges Öffnen der Schließe, nach vorne gestattet (Abb. 29). Abzulehnen sind Würgehalsung, Korallenhalsbänder und die sogenannten Geschirrchen. Letztere behindern den Teckel in der freien Bewegung und führen zum unschönen Ausdrehen der Ellbogen. Völliger Unsinn ist das Rückendeckchen, womöglich gestickt und warm gefüttert, das eines Jagdhundes unwürdig und seiner Gesundheit und Schönheit nur abträglich ist. Man sollte sich überhaupt vornehmen, Hundeartikel nur im Fachgeschäft zu kaufen und allem Kram aus Modeläden abzusagen.

Was sollen denn Pullover, Seidenkißchen, Baby-Körbchen, Parfumflasche usw. bei einem dem rauhen Jägerhandwerk verschworenen Hund? Die **Leinenführigkeit** ist in wenigen Tagen erreicht, sofern wir das anfängliche Zerren und Sträuben gegen den Zwang nicht allzu ernst nehmen. Bleibt der Kandidat an der Leine sitzen, dann bleiben wir auch stehen, geht er weiter, dann folgen wir ihm, wendet er sich zur Fahrbahn, dann ziehen wir ihn zurück, schießt er vor, dann hemmt ihn ein kurzer Ruck, läuft er uns zwischen den Beinen herum, dann wird ihm dieser Aufenthalt durch ein vorsichtiges Getretenwerden verleidet. Alles mit Ruhe, bis er begriffen hat, daß ihm ein ungestörtes Spazierengehen nur an unserer linken Seite, in dem von uns bestimmten Tempo, ohne Vorrennen und langweiliges Nachhinken ermöglicht ist. Er darf weder die Fahrbahn betreten, noch Katzen, anderen Hunden, oder Autos nachjagen. Erst im Freien, wenn wir ihn von der Leine gelöst haben, kann er sich austoben.

Im Haus, auf der Straße, im Verkehr, auf der Jagd, wo immer wir sind, wirken wir außerdem durch immer wiederholte **Kommandos:** Pfui!, Fuß!, Sitz!, Platz! usw. auf sein Gedächtnis ein. Das Prinzip der **Hundeerziehung** besteht darin, seinem Verstand durch unvermittelte starke Reize oder durch mehrfache gekoppelte Einwirkungen das Verbotene oder das Erlaubte seines Tuns schematisch einzuprägen. In seiner Sprache würde das heißen: Alles, was mit unangenehmen Einwirkungen verbunden ist, unterlasse ich, alles, was angenehme Folgen hat, ist mir gestattet. Der helle Pfeifton, das Herankommen und das Belohntwerden ist ein solches Denkschema, das Fortlaufen, Pfeifen, Weiterlaufen und schmerzhafte Zurückgezogenwerden an der langen Leine ein anderes. Es ist angenehm, auf dem Rucksack ruhig liegen zu bleiben, zu warten, bis der Herr wieder erscheint, von ihm gelobt zu werden oder gar eine Nachsuche zu erleben. Den Rucksack zu verlassen, eigenmächtig zu folgen, zurückgeführt und mit harten Wort und drohender Geste an den Ablegeplatz gebannt zu werden, das ist unangenehm. Nur direkte, unmittelbare Zusammenhänge prägen sich ein. Harte Strafen nach Rückkehr eines Ausreißers werden nicht auf das Davonlaufen, sondern auf die erfolgte Rückkehr bezogen. Wieviel Sinnloses wird da angestellt mit Schreien, Nachlaufen, Strafen und Quälen. Er begreift ja nur das zu jeder Tätigkeit gesprochene, immer wiederkehrende Wort: So brav, mein Hund! Pfui! Such verlorn! Faß! Er erfaßt nur die Wohltat des Streichelns, Klopfens, Kraulens und Fütterns und versteht im sinnvollen Zusammenhang das harte Wort, den Ruck, die drohende Leine und den kurzen Hieb. Sein Glaube an unsere absolute Überlegenheit wird dadurch aufrecht erhalten, daß er vor jeder Bestrafung an die Leine genommen wird. Je seltener die Bestrafung erfolgt, umso eindrucksvoller wird sie außerdem sein. Ihre Wirkung hängt nicht von der Kraft ab mit der sie gegeben wird, sondern nur von ihrer Unmittelbarkeit und Unentrinnbarkeit. Ein halb daneben gehender, schwirrender Schlag mit einer zusammengefalteten Zeitung macht nachhaltigeren Eindruck, als die unbeherrschte „Tracht Prügel", welche zugleich seinen Charakter verletzt. Die einfache Logik seines Denkens hält nicht den Menschen, sondern den strafenden Gegenstand für die Ursache seines Unbehagens. Er sieht deshalb auch in der menschlichen Hand, wenn sie strafend gegen ihn erhoben wird, die eigentliche Quelle seines Mißvergnügens. Er wird fortan dieselbe Hand, von der wir selbst wünschen, daß sie ihm nur Angenehmes bedeuten sollte: Fütterung, Liebkosung, Hilfe, fürchten und meiden. Ein handscheuer Teckel, der davonläuft, wenn man ihn liebkosen möchte: ein unschönes Bild. Ein viel betrüblicheres noch, sobald man einem, seiner Anlage nach stolzen Hund, dem die Parforcedressur das moralische Rückgrat zerbrochen hat, in ewiger Demutshaltung begegnet.

Lieber sähen wir da noch den unerzogenen, dickköpfigen, starrsinnigen und auf seine Rechte pochenden **Haustyrannen.** Der bettelt nicht nur, sondern der sitzt bei Tisch, der hockt auf dem Sofa, und knurrt, wenn man ihn jagen will, der will gewartet und bei schlechtem Wetter getragen sein, der haßt den Briefträger und die Zeitungsfrau (den Geldbriefträger nicht, weil der in das Haus darf) und liebt nur die Kinder, mit denen er aufgewachsen und die Katze, die in seiner Obhut großgeworden ist. Er ist ein Streuner, ein Dieb, ein Wilderer, ein Hühnermörder. Furchtbar aber immerhin: ein Dackel. Schuld an einem solchen Produkt sind wir selbst. Der geringste Unruhelaut des Welpen genügte, um das besorgte Frauchen herbeizuführen. Er wird hochgenommen (dazu noch meistens verkehrt, siehe Bilder 31, 32), abgeliebelt und hin und her getragen. Man hätte an die Türe oder an seine Zimmerhütte klopfen können, um ihm zu zeigen, daß wir da sind. Er würde sich schnell beruhigt haben. Später lernt er Männchen machen und weil das gar so drollig ist, bekommt er den ersten Happen vom Tisch. Von da ab macht er nur noch Männchen. Er jagt erstmals die Hühner und wir sind in der Aufregung heilfroh, ihn der grimmigen Laune des Bauern entwinden zu können. Bei etwas weniger Besorgnis und mehr Verständnis unsererseits wäre jetzt die Gelegenheit da gewesen, ihm den notwendigen Appell beizubringen. Der Jäger weiß da schon besser Bescheid mit der Hundeseele. Er wird dem lauthals auf einer Spur oder Fährte enteilenden Teckel nicht nachrennen und versuchen, ihn durch Rufen und Schreien zur Rückkehr zu bewegen. Er wird seinen Reviergang fortsetzen und sich von keiner Sorge um den Verbleib seines Jagdgefährten beirren lassen. Er weiß genau, daß den Leidenschaftlichen doch bald die Sehnsucht nach dem abwesenden Herrn befällt und daß er schnurstracks auf der eigenen Markierung und später in der Fährte des Gebieters zu diesem zurückkehrt. Ein Teckel, der in seiner Suche nicht gestört wird, kann sich kaum einmal verirren. Dem Ängstlichen sei zu raten, geduldig an der Stelle zu warten, an der ihn sein ungetreuer Begleiter verließ. Er wird unter allen Umständen dorthin zurückkommen. Der Teckel des Jägers wird nach einem solchen Zwischenfall für lange Zeit das

Revier nur mehr an der Leine betreten dürfen. Er wird sich daran gewöhnen müssen, daß sein Platz in der Nähe seines Herrn ist. Wir selbst müssen uns sagen lassen, daß die Kunst der jagdlichen **Abführung** des Teckels in unserem eigenen konsequenten und beharrlichen Verhalten liegt. Ohne praktische Anleitung wird es da allerdings auch niemand zu etwas bringen. Aus dem Lehrbuch allein – und es gibt deren sehr umfangreiche – kann man das Rüstzeug des Gebrauchsteckelmannes nicht erwerben. Da ist es schon besser, man schließt sich einem waidgerechten Jäger an oder versucht in einem Teckelverein die notwendige Aufklärung zu finden. Wer es trotzdem ohne die dort gebotene praktische Unterrichtung unternimmt, den Teckel zum brauchbaren Jagdhund zu formen, der wird sich im Stillen doch fragen müssen, wer denn hier wen erzieht. Der Eindruck für den Außenstehenden bleibt in jedem Falle deprimierend. Armer Hund. Was mag deine Urfahren denn nur bewogen haben, das Paradies mit der Nähe solcher Menschen zu vertauschen?

Ernährung

Hunde sind Fleischfresser. Diese Tatsache kann entwicklungsgeschichtlich aus ihrer Abstammung, anatomisch aus ihrem Gebiß und dem Bau ihrer Verdauungsorgane und schließlich aus der Art und Weise ihrer Nahrungsaufnahme entnommen werden. Auch der Teckel, der seit Generationen in der Gemeinschaft des Menschen lebt, benimmt sich der ihm gereichten Nahrung gegenüber noch so, als ob sie regelrechte Beute wäre. Er reißt, schlingt und würgt, als sei er wie ehedem von hungrigen Neidern umgeben. Er füllt sich den Magen übervoll, wie seine wildlebenden Ahnen, deren allgegenwärtiger „Wolfshunger" Ausdruck ständiger Lebensnot war. Er stürzt sich auf Aas, Eingeweide und Knochen, um, wie seine Stammväter, aus diesen Quellen seinen lebensnotwendigen Bedarf an Zusatzstoffen und Mineralien zu decken. Aus diesen Beobachtungen, die das normale Verhalten des gesunden und unter Arbeit stehenden Teckels wiedergeben, lassen sich wichtige praktische Folgerungen ziehen. Voraussetzung ist eine wenigstens allgemeine Kenntnis von Grundsätzen der tierischen Ernährungslehre.

Stoffwechsel ist Energiewechsel

Den höchsten Energiegehalt (ausgedrückt in Kalorien) hat Fett; Fleisch und Kohlehydrate sind gleichwertig, im Gesamtgehalt jedoch weitaus niedriger als Fett. Fleisch ist ein hochwertiges Nahrungsmittel, jedoch kein vollwertiges. Pflanzliche Nahrung ist zur Energiedeckung nicht geeignet. Sie dient der Versorgung mit Spurenstoffen, Vitaminen und Mineralien. Knochen enthalten ebenfalls diese Mineralstoffe und nebenher in größerer Menge eiweißartige Substanzen (Leim) die für die Ernährung ausgezeichnet geeignet sind.

Der Teckel kann seinen gesamten Energiebedarf aus der Fleischnahrung decken. Ein Mensch müßte vergleichsweise, um seinen Kalorienhaushalt in Ordnung zu halten, mindestens 3 kg Fleisch täglich zu sich nehmen. Wegen ihrer Gleichwertigkeit als Energiespender sind Fleisch und Kohlehydrate ohne Schaden im Verhältnis 2 : 1 austauschbar. Die hohe Verdauungskraft des Teckels beruht nicht so sehr auf höherem Magensäuregehalt, als vielmehr auf dem Vorhandensein vieler hochwirksamer Fermente. Pflanzliche Nahrung, welche der Teckel nicht selbst zerkleinern kann, bedarf der Aufschließung durch entsprechende Verarbeitung oder Zubereitung. Die in den Pflanzen enthaltene unverdauliche Zellulose ist ein dem Stoffwechsel und damit der Gesundheit förderlicher Ballast. Das gereichte Futtergemisch darf nicht wäßrig und zerkocht sein, es muß auch rohe und gröbere Bestandteile enthalten, die im ganzen abgeschluckt werden können. Knochen sind notwendig. Für den Teckel kommen nur Kalbsknochen in Betracht, da alle anderen im Haushalt anfallenden Braten-, Suppen-, sowie Geflügelknochen und Fischreste gefährlich sind. Beim Zerbeißen sich bildende Splitter und ganz geschluckte Gräten können zu schweren Darmverletzungen führen, die unter Umständen tödlichen Ausgang nehmen. Die Gesamtnahrungsmenge ist genau festzulegen. Sie beträgt pro Tag für einen 8 kg schweren Teckel ca. 500 g, für einen 5 kg schweren ca. 325 g. Das Futter darf nicht heiß, auch nicht kalt, sondern möglichst nur in lauwarmem Zustand gereicht werden. Fütterung erfolgt ein- bis zweimal am Tag. Freßlust hat der normal genährte Teckel immer, wirklichen Hunger kann er viele Tage ohne Beeinträchtigung seiner Leistungsfähigkeit ertragen. Übrigbleibendes Futter muß nach einer Viertelstunde weggenommen werden, da es den typischen Fresser nur zur Mast verführt, den mittelmäßigen Fresser launisch macht und den Nahrungsverweigerer auch nicht zu erhöhter Freßlust bewegen kann. Flüssigkeit, in der Hauptsache frisches Trinkwasser, bedarf keiner einschränkenden Kontrolle.

Geeignete Nahrungsmittel sind: Fleisch vom Rind, Hammel, Kalb oder Pferd, in rohem oder in gekochtem Zustand,

Innereien, wie Herz, Nieren, Magen, Leber, Milz, Gekröse. Vom Wild der gesamte Aufbruch, womöglich unausgewaschen einschließlich etwaigem Grüninhalt. Fisch ist dem Fleisch annähernd gleichzusetzen.

Kohlehydrate: Weizen, Hafer, Hirse, Roggen, Reis, am besten in Form von Flocken, roh, aufgequollen oder als dicker Schleim der Fleischration zugesetzt.

Gemüse: Sämtliche dem Menschen zuträgliche Sorten gedämpft, nicht eingebrannt. Möhren sind besonders wertvoll, vor allem roh geraspelt. Nebenher sind sie auch ein gutes Mittel gegen starken Wurmbefall. In Wiederholung: Kohlehydrate und Gemüse sind als ein Drittel Zusatz zur Fleischgrundnahrung zu verwenden.

Knochen: Vom Kalb, roh und gekocht mit anhängendem Fleisch und Sehnenteilen.

Eier sind nicht schädlich, jedoch im Normalfall nicht notwendig. **Kartoffeln** sind wegen ihres geringen Energiegehaltes, der nur etwa einem Achtel der entsprechenden Fleisch- oder Kohlehydratmenge entspricht, auch für die Zusatzernährung nicht geeignet. **Verboten** sind Kochsalz und alle starken Gewürze. Schädlich sind Leckereien und Genußmittel, wie Schokolade, Bonbons, Zucker, Kuchen, Torte. Zu vermeiden sind Wurst, vor allen Dingen Dauersorten. Wursthaut: Neuerdings wird für viele Wurstarten eine Zellulosehülle verwandt, die vom Hund wegen des anhaftenden Geruchs mitverschlungen wird. Die Folgen können tödlich sein. **Hundekuchen** von einer anerkannten Firma sind sehr empfehlenswert. Zusätze zur Nahrung, insbesondere Kalk, Lebertran, Vigantol sind nur bei Jungtieren, trächtigen Tieren und nach Krankheiten notwendig.

Die beste Fütterung ist sinnlos, wenn unser Teckel ein schlechter Fresser ist. Es beginnt gewöhnlich damit, daß ohne jedes besondere Vorzeichen sein anfänglich schon nicht überwältigender Appetit immer geringer wird, um schließlich in einer Art freiwilligen Hungerkur auf ein Minimum herabzusinken. Wir sind besorgt und glauben, daß unser Teckel erkrankt sei. Der Tierarzt kann nichts finden und meint, daß er zwar sehr mager, sonst aber doch ganz lebendig und auf keinen Fall schon am Verhungern wäre. Also versuchen wir es auf seinen Rat und auf eigene Faust mit allen möglichen appetitanregenden Mitteln. Der Reihe nach wird von eisen- und alkoholhaltigen Arzneien bis zu den Spurenelementen, Vitaminen und Fermenten alles durchprobiert. Er bekommt keinerlei Freßlust. Wir flüchten in psychologische Methoden. Er wird im Halbschlaf gefüttert oder mitten im lebhaften Spiel, wir tun, als ob wir ihm die guten Sachen vorkauten oder sie ihm wegnehmen wollten; schließlich schaffen wir ihm in des Nachbars Hund, der selbst ein gieriger Fresser ist, einen Tischgenossen an, der in ihm den Futterneid erregen soll. Dieses Mittel nützt sonst immer, bei ihm versagt es. Nun folgen gewaltige, hungererregende Spaziergänge und zur Abwechslung Tage, an denen er in seiner Hütte verbleiben muß, um die spärlichen Kräfte zu schonen. Er scheint verloren. Wir sind ratlos und nahe am Verzweifeln. Zum letzten Mal wird alle Überredungskunst aufgewandt und wie schon zu Anfang werden ihm wieder die besten Fleischstückchen, roh und gekocht, die feinsten Breie und Milchsuppen, frisches Gemüse, Kalbsknochen, Hundekuchen, sonst verbotene Sachen, wie Zucker, Schokolade, Schlagsahne gereicht: ohne Erfolg. Wir beschließen innerlich nun einfach nicht mehr hinzusehen und ihn verhungern zu lassen. Da entdecken wir zufällig, daß er an irgend einer uralten, schimmeligen Brotkruste herumkaut, die er vom letzten Spaziergang mit heimbrachte oder an einem schmierigen, stinkigen Knochen, den er irgendwo fand. Wir sind erschüttert und zugleich glücklich, da uns seine tierische Natur nun selbst den Weg andeutete, auf dem wir ihn als geborenen Fleisch- und Aasfresser halten und ernähren müssen. Es ist wie im Märchen: Und wenn er nicht gestorben ist, dann lebt er heute noch.

Nun, so dramatisch, wie eben geschildert, geht es nur selten zu. Häufig wird das Frauchen, das ja doch den Hund zu füttern hat, schon rechtzeitig irgendwelche Lieblingshappen entdecken und ihn damit über diese sorgenvolle Zeit hinwegbringen. Nach der Reifeentwicklung und bei entsprechender Betätigung wird er sicherlich ein normaler Futterverzehrer, wenn auch nicht gerade ein toller Fresser geworden sein.

Etwas ganz anderes ist der **Futterverweigerer** gegenüber Fremden. Er wäre der Idealfall des wohlerzogenen Teckels. Voraussetzung für seine Erziehung ist die konsequente Fütterung durch immer die gleiche Pflegeperson. Die natürliche Neigung des Teckels auch an anderen Orten und von fremden Menschen Freßbares anzunehmen, wird ihm in gestellten Szenen abgewöhnt. Ein mit einem Lockbissen erscheinender Verführer reicht ihm anstatt des Brockens einen gelinden Schlag oder Tritt. Seiner Freßlust, gegenüber vorher ausgelegten schmackhaften Ködern, wird er durch Verweis, Pfui!, Ruck an der Leine und kurzen Hieb nachhaltig entwöhnt. Ein Futterverweigerer ist gegen die häufig tödlichen Folgen der Aufnahme von Zellulosewursthüllen, von verführerisch riechendem Einwickelpapier, von Knochensplittern, Kaugummi und besonders von verdorbenen und vergifteten Nahrungsstoffen gesichert. Er ist immun gegen den zufälligen oder absichtlichen Tod, der ihn auf jedem Reviergang, aus jeder Kehrrichttonne und nicht selten sogar aus des „Nachbars Garten" bedroht. Leider sind derartig dressierte Teckel häufig verängstigt, unzugänglich, menschenscheu oder böse. „Wo viel Licht ist, ist starker Schatten" (so heißt das andere Zitat aus dem Götz von Berlichingen). Im übrigen ist aus Gründen der Erziehung und des guten Gedeihens die Fütterung des Teckels durch dieselbe Person erwünscht, jedoch nicht unbedingt nötig. Erfahrungsgemäß hängt der Teckel nicht an jenem Menschen am meisten, der ihm das Futter reicht, sondern wird demjenigen seine stärkste Zuneigung schenken, der ihm durch Spaziergänge oder gar durch Jagdbetätigung ein noch viel größeres Vergnügen verschafft. Die Jäger, die sonst großzügig die Fütterung des Hundes ihrer Frau überlassen, wissen, daß Waldo schon in freudige Erregung gerät und unverzüglich Futternapf, Sofa und Frauchen im Stich läßt, wenn der Herr selbst noch nicht einmal genau weiß, ob er nun zur Jagd will oder nicht.

Pflege

Es ist eine etwas seltsame Auffassung von Natürlichkeit, einen Teckel sich selbst zu überlassen und das verwahrloste Produkt dann originell zu finden. Verwilderte Naturburschen passen in keine Gesellschaft. Ein Mindestmaß an Körperpflege ist deshalb für den in unserer engsten Gemeinschaft lebenden Hund unerläßlich. Am anspruchslosesten hinsichtlich der Pflege ist der Kurzhaarteckel. Die notwendige Haarpflege, vor allem für Rauh- und Langhaar, besteht im Kämmen mit engem Kamm, dem Bürsten mit Perlonbürste und der Beseitigung etwaigen Ungeziefers. Jacutin o. ä. in Pulverform tut hier die besten Dienste. Gelegentliches Baden, vor allem nach starker Verschmutzung im Jagdeinsatz oder durch das spezielle Vergnügen vieler Hunde, sich im Kot zu wälzen, ist unvermeidlich. Dem warmen Badewasser setzt man zweckmäßigerweise etwas Wendelinusöl zu. Als Reinigungsmittel nehme man nur eine Spezial-Hundeseife. Andere Zusätze zum Badewasser, sogenannte Schmutz- und Fettlöser, sind schädlich und gefährlich, da sie das Haar entfetten, stumpf machen und die Haut reizen. Die Seife mit sehr viel frischem, warmem Wasser aus dem Haar spülen. Nach dem Bad den Hund sich abschütteln lassen, trocken reiben und an einen zugfreien Platz bringen. Manche Hunde lassen sich auch in eine Decke einwickeln und bleiben sogar liegen, da ihnen die Wärme wohltut. Das Föhnen können die meisten Teckel des Geräusches wegen nicht leiden.

Trimmen: Es dürfte allgemein bekannt sein, daß sich die Hunde zweimal im Jahr haaren. Der Haarwechsel vollzieht sich nicht plötzlich, was vorübergehende Kahlheit des Tieres zur Folge hätte, sondern nach und nach durch Vorbeiwachsen der neuen Haare an den inzwischen abgestorbenen alten. Das alte Haar fällt also nicht aus, sondern wird in der Wurzel neben dem neuen Haar eingeklemmt und festgehalten. Das tote Haar ist stumpf, mißfarben und nicht wie das lebende Haar wasserabweisend, sondern im Gegenteil feuchtigkeitsanziehend. Das aus alten und neuen Haaren gemischte, nun viel zu dicht stehende Haarkleid neigt zu Verfilzung und Verklumpung und stellt deshalb für den Teckel nicht nur eine Behinderung, sondern auch eine Gefährdung seiner Gesundheit dar. Der auftretende Juckreiz veranlaßt das Tier, sich zu kratzen und wund zu scheuern. Die Durchfeuchtung des Haares führt leicht zu Erkältungen. Außerdem ist ein Teckel mit verklumpten Zehen im Winter gehunfähig. In der Natur verliert das Tier die lästige tote „Wolle" beim Wechseln durch Gebüsch, Hecken, Unterwuchs und durch Scheuern des Körpers an borkigen Bäumen. Bei unseren Haustieren, welchen die natürliche Gelegenheit zum Loswerden des abgestorbenen Haares fehlt, müssen wir durch Kämmen, Striegeln und beim Hund eben durch Trimmen nachhelfen. Trimmen besteht nicht darin, dem Hunde festgewachsene Haare herauszureißen, sondern altes, totes, bereits abgestorbenes Haar schmerzlos zu entfernen. Bei Rauhhaar ist das unbedingt notwendig. Nach Überzeugung vieler Kenner soll außerdem das nachkommende Haar durch regelmäßiges Trimmen härter werden. Bei Langhaar ist das stumpfe, fahle Haar, besonders das zwischen den Zehen, an Feder und Fahne, regelmäßig zu beseitigen. Das Scheren des Teckels ist verpönt. Der Arbeitswert des Teckels wird durch die notwendige Körperpflege in keiner Weise herabgesetzt.

Schneiden der Nägel: Vor allem Hunde, welche wenig Bewegung und keine Möglichkeit zum Graben besitzen, bekommen überlange Zehennägel. Solche Teckel verhängen sich leicht, verletzen sich an den Pfoten, rutschen auf Treppen und glatten Böden aus und bewegen sich recht geräuschvoll. Schneiden der Nägel nur mit einer Spezialzange. Wer geschickt ist, kann es sich zeigen lassen, im Zweifelsfall es lieber dem Tierpfleger überlassen.

Reinigen des Gehörganges: Nach Bauarbeit und bei Ohrenzwang regelmäßig durchzuführen. Ohrenöl, oder Mischung von 1/3 Alkohol, 2/3 Wasser, evtl. verordnetes Medikament einträufeln, den knorpeligen Gehörgang ganz leicht massieren, überschüssige Flüssigkeit mit Wattestäbchen abtupfen.

Zecken (sogenannte Holzböcke), die sich in die Haut eingebohrt haben und mit dem Hinterteil ihres Körpers aus dieser hervorragen, werden kurzerhand dicht über der Haut mit zwei Fingern gefaßt und mittels leichter Drehung nach links herausgezogen. Es gibt auch umständlichere Verfahren.

Weitergehende Pflegemaßnahmen, die nicht, wie die eben erwähnten, vorwiegend der Gesunderhaltung und Leistungsförderung dienen, sind beim Teckel zu unterlassen. Er braucht weder Fellschere, noch Lockenwickel, weder Haarpuder, noch raffinierte Wohlgerüche. Wer ihn mag, dem riecht er gut genug. Wir kennen einige Rassen herrlichster, intelligenter Hunde, auch Jagdhunde, bei welchen derartige Äußerlichkeiten die Bedeutung wichtiger Rassemerkmale angenommen haben. Die Gefahr liegt nahe, daß dem jeweils nach der Mode wechselnden Zeitgeschmack und zur Betonung der neugewonnenen Züge kosmetischer Schönheit, nach und nach ganz wesentliche, urtümliche Merkmale des Charakters und des Temperaments dieser Hunde zum Opfer fallen. Bei unserem Teckel würde das bedeuten, daß seine einmaligen Vorzüge des lediglich körperlich kleinsten Jagdgebrauchshundes in Frage gestellt wären. Der **Deutsche Teckel** ist und bleibt, auch wenn er, wie ihm nachgesagt wird, in vielen Exemplaren die Salons und Schlafzimmer bevölkern sollte, ein **Jagdhund.** Das ist bei ihm „des Pudels Kern".

Gesundheit und Krankheit

Der Dichter Hermann Löns soll vom Teckel gesagt haben, daß er die Verkörperung von Gesundheit, Tatkraft und Klugheit wäre. Tatsächlich ist die Krankheitsanfälligkeit des Dachshundes, außer in der Zeit des Entwicklungsüberganges vom vierten bis achten Lebensmonat, sehr gering. Bedenken wir, welchen Strapazen er als Jagdhund und welchen noch viel größeren Überforderungen er durch die Gutmütigkeit und Unwissenheit seiner Besitzer als Haushund ausgesetzt ist, so werden wir an seine robuste Gesundheit glauben müssen. Teckel erreichen häufig ein Lebensalter von 12 bis 15 Jahren und bleiben bis in ihre letzten Lebenstage beweglich, humorvoll und unternehmungslustig. Die Großstadtteckel sind besonders unfallgefährdet, die „Lieblinge" der Familie werden nicht selten zu Tode gefüttert. Das Märchen von der besonders großen Staupeanfälligkeit der Rassehunde ist durch Statistiken längst wiederlegt.

Der Erhaltung der normalen Widerstandskraft des Teckels gegen Krankheit ist besondere Aufmerksamkeit zu widmen. Hierbei spielen die getroffenen allgemeinen Maßnahmen der Haltung, Pflege und Betätigung eine ebenso große Rolle, wie der jeweilige Fütterungs- und Kräftezustand.

In der Krankheit fordert der Teckel unser ganzes menschliches Mitgefühl heraus. Er zeigt Veränderungen seines gewöhnlichen Benehmens, Störungen der allgemeinen Körperfunktionen und schließlich spezielle Krankheitszeichen.

Der kranke Teckel wird still oder ruhelos. Er verkriecht sich oder er wird angriffslustig, er folgt nicht mehr, er winselt und jault, er hechelt, er kratzt sich, er erbricht, gähnt, geifert, strömt einen üblen Geruch aus, torkelt, wird bewußtlos. Er stellt die Nahrungsaufnahme ein, oder frißt gierig alles ihm Erreichbare. Er verweigert Flüssigkeit, oder er säuft sinnlose Mengen. Er kann sich nicht lösen oder wird unrein. Er kann sich nicht erheben. Es zeigen sich Veränderungen am Auge an und im Fang, auf der Haut und am Haarkleid. Wir beobachten Blutungen, Durchfall, Aufgetriebensein des Leibes und allgemeine Abmagerung. Der Nasenschwamm ist trocken, belegt und heiß. Er hat Fieber. Zur Erklärung: Normaltemperatur bis max. 39° C.

Die Behandlung sollte sich auf Allgemeinmaßnahmen beschränken. Man nimmt den Hund in das Haus, bereitet ihm ein warmes Lager, womöglich in einem halbdunklen Raum, sieht sich auch öfters nach ihm um, ist überhaupt geduldig mit ihm und gibt ihm gute Worte. Man vermeide jeden Zwang, versuche nicht, ihn zum Aufstehen zu zwingen, oder ihn auf einer Wärmflasche oder sonstwo festzuhalten. Das instinktmäßige Verhalten des Tieres ist meistens seinem Zustand angemessen. Man stelle Futter und Trinkwasser bereit und messe als Wichtigstes die Körpertemperatur. Das übliche Fieberthermometer wird eingefettet und bis zum Verschwinden des Quecksilberkolbens in den Darm eingeführt, nicht weiter. Im übrigen ziehe man in allen Fällen, in denen Temperatursteigerungen auftreten, und stets, wenn Veränderungen des Wesens und des Benehmens über mehr als ein bis zwei Tage sich zeigen, den Tierarzt zu Rate. Man bedenke, daß beim Teckel, beim Tier überhaupt, die Stellung einer exakten Krankheitsdiagnose besonders schwer ist. Welcher Laie — und dazu zählen in medizinischer Hinsicht auch Hundekenner und Tierpfleger — kann im Anfangstadium sicher eine Räude von einem Ekzem, eine Staupe von einer Toxoplasmose oder Leptospirose, eine Vergiftung von einer durch Überanstrengung hervorgerufenen Herz- und Kreislaufschwäche unterscheiden. Nicht einmal die Art und Gefährlichkeit eines starken Wurmbefalls kann der Nichtfachmann beurteilen.

Man wähle einen Tierarzt, der sich speziell mit Hunden abgibt und vertraue auf dessen Sachkenntnis. Es ist daher überflüssig, die Schilderung der in jedem Hundebuch wiedergegebenen Krankheitsbilder hier zu wiederholen. Wie bei einem

Doktorbuch sind solche Auslassungen mehr geeignet, den Verstand und das Gemüt zu verwirren, als die Herbeiholung der sachgemäßen Hilfe zu beschleunigen. Wer sich informieren will, sei auf die Spezialwerke über Hundekrankheiten hingewiesen u. a. auf das Lehrmeister-Buch „Hundekrankheiten".

Für alle Fälle soll man auch für den Hund einen kleinen Medikamenten- und Hygienekasten bereithalten. Er muß enthalten: Verbandmull, schmale und breite Mullbinden, eine elastische Binde, Zickzackwatte, Leukoplast und Hansaplast. Wundbenzin (nur zum Ablösen der Pflaster), Sepsotinktur zur Wundentkeimung, Sagrotan zur Allgemeindesinfektion, eine gerade und eine gebogene Schere, eine sogenannte anatomische Pinzette, eine Splitterpinzette und ein gutes Fieberthermometer. Nicht in den Schrank gehören: Arzneimittelreste und Flaschen ohne Aufschrift.

Außer dem Eingeben der verordneten Medikamente können folgende Pflegemaßnahmen am kranken Teckel durchgeführt werden: Verbände, Bäder, Wickel, Einreibungen, Umschläge, Waschungen, Augenspülungen, Gehörgangsreinigung, Klistieren. Injektionen sind allein Sache des Tierarztes.

Einige Tips: den gebadeten Hund trockenfrottieren, nicht föhnen. Trocknen des Gehörganges nur mit Holzstäbchen, oder Pinzette als Watteträger, keine Nadeln verwenden. Klistieren mit dem Gummiball, nicht mit dem Irrigator. Das Einschieben eines Seifenzäpfchens sollte vorher schon als meist erfolgreiche Abführmaßnahme versucht werden. Flüssige Medikamente gebe man mit dem Löffel in die etwas hochgezogene Wangentasche, Tabletten oder Kapseln werden mit dem Finger tief auf den Zungengrund geschoben und bei zugehaltenem Fang das Schlucken abgewartet.

Die Behandlung des kranken Hundes kostet Geduld, Mühe, einen Teil der Nachtruhe und nicht zuletzt auch Geld. Wenn wir all dies nicht scheuen, wird uns unser wiederauflebender, genesender Hausgenosse das Aufgewandte mit vermehrter Anhänglichkeit danken.

Ein Stoßseufzer: In der Gesetzgebung fehlt leider ein Paragraph, der das gemeine Herumpfuschen an Tieren unter Strafe stellt! – Warum sollte es unseren Teckeln auch besser ergehen, als uns Menschen?!

Der Teckel im Jagdgebrauch

Das Hauptinteresse des passionierten Jägers gilt zwei Hauptthemen: Seinem Revier und dem Hund. Von waidgerechten Jägern wird dabei stets die Notwendigkeit zur Haltung und Führung eines brauchbaren Jagdhundes betont. Die meisten Jagdarten sind ohne geeigneten Hund überhaupt unmöglich und auch die bescheidenste jagdliche Betätigung schließt im Sinne der Waidgerechtigkeit und in Wahrung überlieferten Brauchtums den Jagdhund mit ein. Es ist deshalb kein Zufall, daß gerade solche Jagderlebnisse, welche wir dem Hund verdanken, mit zum schönsten Erinnerungsbesitz des echten Waidmannes gehören.

Aus allgemein bekannten Gründen ist es heute vielen Jägern, vor allem den jüngeren Jahrgängen, nicht ohne Störung ihres Familien- oder Berufslebens möglich, den täglich sein Recht verlangenden Jagdhund aus der Gruppe der Vorsteh- oder Schweißhunde in der Großstadt zu halten. Glücklicherweise eröffnet sich für diese Fälle ein gangbarer Weg. Wie von selbst bietet sich solchen Jagdbeflissenen eine Jagdhundrasse an, welche in vielem den größeren Bruder zu ersetzen, in manchen Lagen aber auch Einmaliges und Unübertreffliches zu leisten vermag: Der Deutsche Teckel.

Die Zeit ist nicht allzu fern, in welcher der unscheinbare Dachshund bei der grünen Gilde großes Ansehen genoß. Seine allgemeine Beliebtheit und Brauchbarkeit haben damals zu unzähligen, wegen ihres teils derben, teils aber auch feinsinnigen Humors volkstümlich gewordenen Darstellungen und Schilderungen des Kameradschaftsverhältnisses Jäger – Hund Anlaß gegeben. In gutmütigem Spott haben dabei stets des Teckels Mut, Schläue und bisweilen sehr bequeme Lebensart über des Menschen Torheit, Eitelkeit und Unzulänglichkeit den Sieg davongetragen. Herausragenden Vertretern dieser kleinsten Jagdhundrasse wurden aber auch in ernsten und tiefinnerlichen Jagdgeschichten unvergängliche Zeilen der Dankbarkeit und inneren Verbundenheit gewidmet. Allen Jägern, besonders den jüngeren, welche den großen Jagdhund nicht halten können, sei darum in Erinnerung gebracht, daß es in der Vergangenheit ein natürlicher Zustand war, den Dachshund als Jagdgebrauchshund zu führen. Auch dem heutigen Jäger würde es zu Ehren und Nutzen gereichen, ihm wieder den Platz einzuräumen, der ihm seiner Veranlagung und seiner Vergangenheit nach gebührt.

Seit Jahrzehnten hat sich an der Dachshundrasse nichts Grundlegendes mehr geändert. Man hat ihr zwar das Krummbein weggezüchtet und den Rauhhaarigen eine härtere Jacke angelegt, in ihrem Charakter und ihrer Brauchbarkeit für die Jagd blieben jedoch die meisten Stämme, gleich, ob Kurz-, Rauh- oder Langhaar, unversehrt. Im Deutschen Teckelklub werden von vielen Liebhabern, Jägern und Forstleuten Teckel gezüchtet, welche nach strengen Auslesebestimmungen durch Prüfungen und Naturarbeiten ein Höchstmaß an jagdlicher Veranlagung mitbringen.

Es ist daher ein Märchen, daß der Dachshund heutiger Prägung ganz allgemein ein Liebhaber- und Modehund und daher für die Jagd unbrauchbar geworden sei. Die Verbreiter solcher Nachrichten wissen nicht, was fern vom Lärm öffentlicher Schaustellung in ideeller Hingabe an das große Zuchtziel wirklich geleistet wird. Die Anhänger der Teckelzucht wollen ja gerade das nicht, was ihnen von Außenstehenden leicht vorgeworfen wird, nämlich den nur schönen, rein für das Auge und die Befriedigung eitler Wünsche geschaffenen Hund. Ihr Anliegen ist klar unter Punkt 1 der Zuchtbestimmungen niedergelegt: Zurückführung des Dachshundes in sein ureigenes Element, die Jagd, die ihn geschaffen hat. Sie lassen sich dabei von der Überzeugung leiten, daß das Ziel, einen edlen und brauchbaren Dachshund zu züchten, nur auf dem Wege der Rassehundezucht erreichbar ist. Es widerspräche jeder Erfahrung, wenn gerade in der Teckelzucht andere Gesetze gelten sollten, als in der Zucht so vieler Nutztiere, die durch die gleichen Methoden der Zuchtwahl und Zuchtauslese einer erheblichen Verbesserung nach Aussehen und Leistung zugeführt werden konnten. Man darf heute ohne Übertreibung sagen, daß die ganze moderne Zivilisation ohne fortlaufende züchterische Verbesserung der derzeit bestehenden Nutztier- und Pflanzenrassen undenkbar wäre. Auch die Zucht reinrassiger Teckel stützt sich weder auf mystische Vorstellungen, noch auf unklare Theorien, sondern seit Fassung der Rassekennzeichen im Jahre 1879 ausschließlich auf die nüchternen Erkenntnisse der Vererbungslehre. Die Tatsache, daß der Deutsche Teckel auf Grund des inzwischen erreichten züchterischen Fortschrittes nach Form und Leistung zu den beliebtesten Hunderassen der Welt gehört, besagt somit ebensowenig gegen seine jagdliche Eignung wie der Umstand, daß auch andere Jagdhunderassen wegen ihrer Schönheit und charakterlichen Tugenden weite Verbreitung gefunden haben.

Der Dachshundliebhaber zählt es zu seinen alltäglichen Erfahrungen, daß Dackel, welche nie in ihrem Leben einen Wald gesehen haben, durch Zufall mit der Jagd in Berührung kommend, Verblüffendes an Schärfe, Mut und Findigkeit leisten. Einschränkend gilt allerdings auch hier, wie bei allen Jagdhundrassen, daß der dann in der rauhen Praxis zu führende Hund das an Vorzügen nicht besitzen kann, was auch sein Herr vermissen läßt.

Die Baujagd mit dem gut eingearbeiteten Dachshund, dessen angewölfte Schärfe durch erworbenen Jagdverstand verfeinert ist, erfüllt den Jäger mit immer neuer Begeisterung. Ein Teckel, der den Fuchs nach hartem Kampf sprengt, verschafft uns jagdliche Freuden; der Dachs, den wir vor dem ausdauernd vorliegenden Hund gegraben haben, erhöht des Waidmanns Lust. So wird die Jagd mit dem Teckel zu einem nie versiegenden Quell ungetrübter Genüsse, sofern wir auch hier das oberste Gebot, welches dem Menschen gegenüber aller Kreatur auferlegt ist, befolgen: Ob nützliches Getier, ob edles Wild, ob Raubzeug, wir Menschen sind über alles gestellt! Wir dürfen es gebrauchen, wir dürfen es verbrauchen, niemals aber mißbrauchen.

In besonderem Maße gilt dieses Gebot für jenen Teil der Jagd, der dem Jagdausübenden das höchste an Verantwortlichkeit und menschlichem Anstand abverlangt: für die Arbeit nach dem Schuß. Glücklicherweise und gewissermaßen als Ansporn für träge Geister hat Hubertus die Nachsuchen mit den erregendsten und erhebendsten Momenten, welche ein Jägerleben überhaupt kennt, ausgestattet. Wenn nach dem Schuß in abendlicher Dämmerung der erste Schreck in unsere Glieder fährt und wenn weder Schußzeichen noch Schweiß, noch sonst irgend eine Spur die Wirkung der Kugel verraten, dann vermag uns nur einer noch zu helfen und die Ungewißheit von uns zu nehmen: Unser Jagdhund. Wie die großen Brüder fällt auch unser kleiner Dachshund die Fluchtfährte mit höchster Passion an. Mühelos können wir ihm am langen Schweißriemen folgen und seine wachsende Erregung zeigt uns, daß er auf der richtigen Spur ist. Sein Körperbau, sein geringer Bodenabstand, seine vorzügliche Nase und seine geringe Sichtweite prädestinieren den Dachshund zum idealen Schweißhund des Jägers in unseren Revieren. Wo unseren stumpfen Sinnen nur kahler Boden, Gras und Moos erscheinen, da zieht sich für ihn eine breite, rote Bahn durch Wald und Flur und wie von einem magnetischen Band gezogen stehen wir, befreit von lastender Sorge, vor dem verendeten Wild. Wir machen ihn zum Genossen, den bescheidenen, getreuen Jagdhelfer, und ihn abliebelnd wird auch des rauhesten Jägers Herz in solchen Augenblicken weich und aufgeschlossen. Wir schämen uns nicht der kleinen Sentimentalität, wenn wir in dieser Stunde den Hund unseren besten Freund nennen. Wir wollen auch hochgestimmt von seinen Leistungen erzählen, denn unser Dachshund ist es wert, daß sein Ruhm als Schweißhund alle die, welche bis heute den Weg zum Jagdhund nicht fanden, mit Bedauern und auch ein bißchen Scham erfüllt. Sollten doch alle, die in unserer Zeit die Jagd ausüben oder im Begriff sind, dies zu tun, verstehen, daß in dem Verhältnis des Jägers zu seinem Hund etwas von jener Romantik steckt, welche das deutsche Waidwerk über den Jagdsport anderer Länder erhebt. Mit unserem Tun als Jäger wurzeln wir in einer idealen Landschaft, die als Insel ewigen Naturgeschehens in unsere nüchterne Alltagswelt hineinragt. Als Jäger verwalten wir ein Vermächtnis aus Väters Zeiten, welches Freude an der Natur, Liebe zu allem Getier und Achtung vor jeglichem Leben heißt. Wer mit seinem Hund jagt, und habe er sich auch nur den unscheinbaren Dachshund zum Gefährten erwählt, der ist in diesem Sinne ein Jünger Huberti, wer aber die Notwendigkeit dieser Gemeinschaft verleugnet, der treibt Schießsport.

Von dieser Art von Jägern wird zu ihrer eigenen Entschuldigung gerne gesagt, daß der Erwerb und die Haltung eines Jagdhundes unter bescheidenen wirtschaftlichen Verhältnissen nicht tragbar sei. Auf den Dachshund wird das niemals zutreffen. Kein Hund kostet weniger und keiner ist in der Haltung anspruchsloser, als er. Natürlich kann es nicht sein, daß ein auf allen Gebieten abgeführter Jagdhund den Preis eines Gelegenheitshundes hat. Ein fertiger Jagdgebrauchshund, besonders auch ein Dackel, ist für Geld überhaupt nicht zu haben. Man muß sich schon die Mühe machen, ihn als Welpen zu erwerben und ihn, wie es bei den größeren Rassen zu den Selbstverständlichkeiten gehört, ordnungsgemäß abführen.

Dann hat der Dachshund, als rasserein auf diese besonderen Charakteranlagen gezüchteter Jagdgebrauchshund, auch den Appell, der im ernsthaften Jagdbetrieb unentbehrlich ist. Man benötigt gar nicht Blei und Würgehalsung, um den Dachshund zur Vernunft zu bringen. Geduld und ständige Führung bringen sicheren Erfolg. Ein nur gelegentliches Mitnehmen ist für jeden Jagdhund Gift, erst recht aber für diesen überaus passionierten Gesellen.

Bauarbeit und Schweißsuche erfordern noch die geringste Mühe der Einarbeitung. Unentbehrlich ist diese jedoch für seine Verwendung als Stöberer und als Begleithund auf Waldtreibjagden. Wenn er erst die Einsicht gewonnen hat, daß eine Privatjagd außer Sichtweite seines Herrn ein völlig sinnloses Beginnen ist, und wenn er erfahren hat, daß eine Solohetze außerhalb des Treibens zu keinerlei Ergebnis führt, dann ist er auch bald bereit, sich dem Willen seines Herrn unterzuordnen oder den Bedürfnissen der Gemeinschaftsjagd einzufügen. Schneller als wir gemeinhin glauben, wird er begriffen haben, daß nur die Nähe des Jägers die ersehnte Jagdbeute bringen kann. Etwas Mühe und Geduld lohnen sich hier in wenigen Wochen und wir haben aus dem Dackel den überall brauchbaren Jagdgefährten geformt. Wer diesen Hund hat, wird mit ihm die reinsten Freuden erleben. Er wird überdies auch manches Lob einheimsen, das ihm wie die Frühlingssonne das Gemüt erwärmt. Zuvor aber merke man sich noch einmal: Ein Welpe ist weder stubenrein noch leinenführig, er ist kein Totverbeller und kein Würger; er ist formbares Material in den Händen eines verständigen Herrn, der es veredeln, aber auch verderben kann.

Der Dachshund ist eine Bracke und als solche zur Jagd geboren. Lauthals verfolgt er das Wild und spurlaut jagend vermeldet er uns dessen wechselnden Standort. In der Dickung die kein anderer Hund mehr zu durchdringen vermag, macht er das Schwarzwild rege und im bergigen Gelände bringt er Rotwild und Reh in gemäßigter Flucht vor die Büchse. Zur

Nachsuche ist er, für unsere heimatlichen Verhältnisse, wie kein anderer geeignet und als Bauhund für die Jagd auf Fuchs, Dachs und Kaninchen ist er jedem gerechten Waidmann unentbehrlich.

Es ist darum an der Zeit, daß sich auch die Jägerschaft nach dem Vorbild früherer Zeiten wieder mehr und mehr des Dachshundes annimmt. Brave Tierfreunde und Liebhaber haben die besten Teckelstämme über schwere Zeiten herübergerettet. Viele Unentwegte haben trotz gewisser modischer Strömungen, die eine im Ausland gezüchtete Erdhundrasse für brauchbarer propagierten, als die unserer engeren Heimat angestammte, dem Dachshund die Treue gehalten. Ein Lob den vielen Frauen, die entgegen so manchem Vorurteil den Jagdhund ganz allgemein, im besonderen aber den Deutschen Teckel, zur Erhaltung seines jagdlichen Erbgutes auf Übungen und Prüfungen, auf Suchen und Schauen geführt haben. Danken wir ihnen allen für ihre Passion und Opferbereitschaft, durch welche sie uns den Dackel als Jagdgebrauchshund erhalten haben. Sie geben die Parole: Den Deutschen Teckel, diesen kleinsten und vielseitigsten Jagdgebrauchshund, in des Jägers Hand.

Schlußbetrachtung

Alle Liebe zu unserem Teckel darf uns nicht dazu verführen, ihn in seinem Wert und in seinen Rechten über unsere Mitmenschen zu stellen. Der gern zitierte Spruch: „Seitdem ich die Menschen kenne, liebe ich die Tiere", ist eine billige Ausrede für Menschenverächter, die sich als unfähig erwiesen haben, mit ihrer Umgebung in Harmonie zusammen zu leben. Mögen sie unter den Tieren verweilen. Wir heben unseren Teckel in unser bejahendes, tätiges Leben hinein und gewähren ihm darin jenen Lebensraum, den er als Bringer froher, erlebnisreicher und erinnerungswerter Stunden verdient. Wir wollen ihm dafür danken, daß er uns mit anderen Menschen in gesellige Verbindung bringt, die sich, wie wir, seiner Haltung, Züchtung und jagdlichen Ertüchtigung verschrieben haben, die gleich uns gerne von ihm erzählen und schwärmen. Dennoch sollte er uns rechtzeitig verlassen, wenn seine Uhr abgelaufen ist. Ein Teckel, der blind, asthmatisch, altersgebrechlich und unrein geworden ist, verdient den schmerzlosen Tod durch die Hand des Tierarztes. Ein treuer Jagdgefährte, der menschenfeindlich, bissig und gefährlich für seinen eigenen Herrn wird, sollte den raschen Gnadentod erhalten. Wir wären gefühlsroh, wenn wir dann nicht um ihn trauerten. Es tröstet uns aber, daß er ein schönes, erfülltes Teckelleben hatte, bei guten Menschen, die seine Art zu verstehen und zu lieben trachteten. – Bitte, meine Teckelfreunde! Nun keine Banalitäten, keinen Kult. Auch der geliebteste Teckel konnte nie etwas anderes sein, als ein bescheidener Gast in Eurem Leben.

Literaturhinweis

„Aufzucht junger Hunde" Lehrmeister-Bücherei Nr. 5

„Ausbildung junger Jagdhunde" Lehrmeister-Bücherei Nr. 523

„Die Jagdgebrauchshunde" Lehrmeister-Bücherei Nr. 508

„Hunderassen" Lehrmeister-Bücherei Nr. 1062

„Welcher Hund paßt zu mir?" Lehrmeister-Bücherei Nr. 502

„Hundekrankheiten" Lehrmeister-Bücherei Nr. 533

„Mit dem Hund zur Ausstellung" Lehrmeister-Bücherei Nr. 510

„Vererbung" Lehrmeister-Bücherei Nr. 590
Albrecht Philler Verlag, Minden